水利水电设计与实践研究

王增平　著

北京工业大学出版社

图书在版编目（CIP）数据

水利水电设计与实践研究 / 王增平著 . — 北京 ：
北京工业大学出版社，2021.2
ISBN 978-7-5639-7860-1

Ⅰ．①水… Ⅱ．①王… Ⅲ．①水利水电工程—工程设
计 Ⅳ．① TV222

中国版本图书馆 CIP 数据核字（2021）第 034149 号

水利水电设计与实践研究
SHUILI SHUIDIAN SHEJI YU SHIJIAN YANJIU

著 者：	王增平
责任编辑：	李 艳
封面设计：	知更壹点
出版发行：	北京工业大学出版社
	（北京市朝阳区平乐园 100 号 邮编：100124）
	010-67391722（传真） bgdcbs@sina.com
经销单位：	全国各地新华书店
承印单位：	天津和萱印刷有限公司
开 本：	710 毫米×1000 毫米 1/16
印 张：	6.5
字 数：	130 千字
版 次：	2022 年 1 月第 1 版
印 次：	2022 年 1 月第 1 次印刷
标准书号：	ISBN 978-7-5639-7860-1
字 价：	45.00 元

作者简介

　　王增平，女，青海湟中人，2011年毕业于青海大学，本科学历，副高级工程师。自参加工作以来一直从事水利水电工程设计工作，先后主持、参与多项水库、供水、河道治理工程以及规划等设计工作。近5年来，以第一作者发表多篇学术论文，其中核心期刊1篇，发明专利2项，曾获得全国优秀水利水电工程勘测设计成果铜质奖；主持完成水库工程、水电规划、供水工程、河道治理工程、防洪工程等10余项工程项目，参与完成20多项工程项目。

前　　言

随着时代的迅猛发展和社会的不断进步，包括水利业、农业等在内的各个行业均得到了迅猛的发展。目前，水利水电工程建设的不断发展，一方面使居民的居住条件得到了有效的改善，另一方面还使居民的生活水平得到了极大的提高，在很大程度上促进了市场经济的进一步发展。作为国家基础工程的水利水电工程，在很大程度上促进了我国社会经济的迅猛发展。但是，我国的水利水电工程建设仍存在很多不足之处。基于此，本书对水利水电工程的设计与实践进行了详细研究。

全书共七章。第一章为绪论，主要阐述了水资源与水利工程、水电站的作用与特点以及水利水电工程建设与开发三部分内容；第二章为水利水电施工设计，主要阐述了水利水电施工的特点和水利水电施工组织设计两部分内容；第三章为水利水电建筑设计，主要阐述了水利水电建筑设计概述和水电站建筑物设计两部分内容；第四章为水利水电节能设计，主要阐述了水利水电工程电气节能设计和水利水电工程经济评价与节能分析两部分内容；第五章为水利水电环境保护，主要阐述了水利水电工程对环境的影响和水利水电工程环境保护的措施两部分内容；第六章为水利水电环境影响评价，主要阐述了环境影响评价的意义与环境影响评价的程序和内容两部分内容；第七章为水电站施工建设实例，主要阐述了黄河公伯峡水电站施工建设和青海湖－龙羊峡抽水蓄能电站施工建设两部分内容。

为了确保研究内容的丰富性和多样性，作者在写作过程中参考了大量理论与研究文献，在此向涉及的专家学者们表示衷心的感谢。

最后，限于作者水平，加之时间仓促，本书难免存在一些疏漏，在此，恳请读者朋友批评指正！

目　录

第一章 绪 论

水资源对于人类的生存与发展来说是不可或缺的资源。我国拥有丰富的水资源，其总量在世界上排名第六，但人均占有量却比世界人均水平低。要想让水资源更好地为我国经济建设提供帮助，更好地满足人民的生活需求，就应该更加注重水资源的合理利用。我国河流众多，其中蕴藏的水能资源十分丰富，能够进行开发的水电装机容量在世界上排名第一，但是目前对于水电装机容量的开发还不充分，因此我国需要加强对水能的开发与利用。本章主要分为水资源与水利工程、水电站的作用与特点、水利水电工程建设与开发三部分。主要内容包括：水资源、水利工程、水力发电概述、水力发电的基本原理与特征参数、水利水电工程基本建设、水利水电工程基建程序、基本建设经济效益。

第一节 水资源与水利工程

一、水资源

（一）水资源定义

所谓水资源主要指的是地球上所有可以成为资源的水，不仅仅包含地球表面的水，还包含地层中以及地球周围大气中所蕴藏的水分，是自然资源的其中一种。1988 年，联合国教科文组织以及世界气象组织为水资源下的定义如下：作为资源的水应当是可供利用或有可能被利用，具有足够数量和可用质量，并可适合某地对水的需求而能长期供应的水源。因此，能够这样对水资源进行解释：水资源就是能够为人类长久生存、生活以及生产提供保障的所有水，不仅包含水的量与质，而且包含其本身所具有的使用与经济方面的价值。许多国家在谈到水资源时，通常会将水资源理解为经过全球水文循环能够持续得到填补的淡水。

1

（二）我国水资源状况

1. 我国水资源的特点

我国水资源的特点主要包括以下几方面。第一，与世界水平相比，我国的人均水资源占有量偏少。第二，我国水资源与土地资源的区域分布条件不相匹配。第三，季风对我国许多地区都会造成很大的影响，不仅会导致降水量与径流量在年际上产生巨大变化，而且会导致降水量与径流量在季节上产生巨大变化，而降水量与径流量的变化又会造成旱涝灾害的频繁发生。第四，我国地下水分布的范围十分广阔，这也是北方地区重要的供水水源。第五，水质变化大，污染严重。第六，水土流失严重，河流泥沙含量大。

2. 我国水资源的总量

我国地域辽阔，河流、湖泊众多，水资源丰富，总量较大，但人均水资源占有率极低。我国河流的数量众多，超过了 5 万条，其流程相加能够超过 43 万 km，其中 1500 条以上的河流有超过 $1000m^2$ 的流域面积。同时，我国湖泊的数量也非常多，总数量超过了 2.48 万个，有 2800 多个湖泊的面积超过了 $1km^2$，所有湖泊面积的总和在 8 万 km^2 左右。

3. 我国的水能资源

（1）我国的水能资源分布

虽然我国拥有很多的河流，但是大多数都分布在温带和亚热带季风气候区，这些地区拥有丰富的降水量，这些地区河流拥有的径流量也因此变得十分丰沛。从地形上看，我国的高山多集中于西部地区，海拔居于世界首位的青藏高原就位于我国的西部，同时青藏高原还是很多河流发源的地方；我国东部地区的地形则以平原为主，这些平原的成因大多是江河的冲击；在高原与平原之间还存在着许多等级比较低的高原、盆地以及丘陵。由于地势之间存在的高差十分巨大，导致大江大河会产生非常大的落差，所以我国拥有数量巨大的水能资源。从地域的角度上看，我国水能资源并不是在各地区都均匀分布的，而是绝大多数都分布在西南地区，其次是中南和西北地区，相对来说华北、东北以及华东三个地区的水能资源较少。

（2）我国河川水能资源的特点

①拥有数量巨大的水能资源，位于世界首位。②水能资源在分布上十分不均衡，大多数分布在西南地区，中南地区的水能资源虽然比不上西南地区但也比较多，而经济发展迅速的东部沿海地区就比较缺乏水能资源。③在水电站中，

大型水电站占据较大的比例，有一半水电站的规模超过了 200 万 kW。

二、水利工程

（一）防洪工程

洪水泛滥可使农业大量减产，工业、交通、电力等正常生产遭到破坏，严重时，则会造成农业绝收、工业停产、人员伤亡等。所谓防洪措施指的就是为了抵御或者减少洪水带来的损失而采取的手段以及对策。现代防洪措施主要可以分为两种，即工程防洪措施以及非工程防洪措施。前者实现防治洪水与减少灾害的目的主要采取的手段是控制洪水与改变洪水本身具有的特点，后者采取的手段是依靠行政法律、经济以及现代化技术，对受洪水威胁地区的开发利用方式进行合理的调整，强化对防洪工作的管理，从而了解与掌握洪水本身的特点，减少洪水带来的损害，降低防洪基本建设的成本以及减少对工程进行维修管理所需要的费用。

（二）农田水利工程

农业是国民经济的基础，党和政府把发展"三农"作为当前经济的首要问题。所谓农田水利工程指的是采取工程手段促进地区水情发生变化并且对农田本身的水分状况进行调节，让其能够满足发展农业生产的需求，促进农业生产的发展。

改变地区水情是一项巨大而复杂的工程，不仅要考虑农业生产，还要对别的用水部门的需求进行考虑，也就是说，要对水资源进行全面规划，以此实现水资源的综合利用。所以，必须以当地区域规划为依据，对其水情进行改善。

对于农田水利工程来说，最主要的任务就是对农田本身的水分状况进行调节，让其得到改善。具体可以采取的举措有两种，即灌溉与排水。所谓灌溉指的是，以作物生长的需求为依据，制订相应的计划，把水运送到农田里，并且要进行合理分配，从而让农田能够获得充足的水分，使得土壤本身的养料、通气以及热状况等能够得到改善，达到提高土壤肥力和改良土壤的目的；所谓排水指的是，建造排水系统把农田里边过剩的水分排放到外边，让农田能够保持合适的水分状态，进而让通气、养料以及热状况等需求得到满足，最终达到促进农作物生长的目的。

（三）水力发电工程

水能资源是一种洁净能源，具有运行成本低、不会造成水量耗损、环保生

3

态、能够循环再生等特点，这些都是别的能源不能相比的。所谓水力发电指的就是通过对水能资源进行运用来产生电力。

一般来说，水力发电的实现过程是首先在河流上筑起大坝或者修建引水道，将河段落差集中起来以获得水头，并且利用水库对径流进行调节以此获得流量，然后对水流进行引导，让其经过安装在电站厂房里边的水轮发电机组，对水能进行转换，让其变成机械能与电能，最后通过输变电线路，将电能输送到电网之中或者提供给用户。

（四）给排水工程

所谓给水指的就是为城镇居民提供生活所需要的用水以及为工矿企业提供生产所需要的用水，所谓排水指的就是对工矿企业进行生产时产生的废水和城市中的生活污水以及地面雨水进行排放。给水的时候一定要严格遵循与用水相关的水质标准，而进行污废水排放的时候一定要遵循国家相关的标准。

给排水工程的目的就是通过工程措施来满足城镇的给水与排水需求。给、排水措施，应在流域规划和地区规划统一指导下，统一调配水量。必要时可采取蓄水、调水措施，如修建水库、开运河等。

（五）航道及港口工程

所谓航道及港口工程指的就是，以促进水上运输的发展为目的而建造的所有工程设施。水运本身具备的优势为：能运载的量比较大；需要花费的运费比较低；所消耗的能量比较少；不需要占用大量的空间。所以，水运不仅在水资源的综合利用方面占有重要位置，而且还是一种十分重要的交通运输手段。

船舶之所以能够通行就是因为有航道的存在，而航道又分为两种，即天然航道以及人工运河。其中天然航道主要可以划分为内河航道以及近海入港航道。所谓港口指的就是水陆运输枢纽，它能够让船舶安全地进行停泊，顺利地完成货物的装载与卸载，并且对航行所需要的补给进行采买。根据使用方面的特点进行分类，可以将港口划分成商港、工业港、军港、渔港以及避风港等。根据建造位置进行分类，可以将港口分为三种类型，即内河港、河口港以及海岸港。内河港主要修建在天然河流、人工运河、湖泊或者水库的内部。河口港和海岸港统称为海港。

（六）环境水利工程

环境水利工程不仅要解决建设水利工程时环境上存在的难题，而且要对因水利工程而产生的环境问题进行解决。在对水资源的运用越来越靠近水资源本身承载能力的时候，人类对水资源的影响和改善也会变得越来越活跃，应该对水资源进行合理利用，并且要增强对水环境的保护力度，从而确保社会经济发展在用水方面的需要能够得到满足，以及确保对水资源的运用是可持续的。

第二节　水电站的作用与特点

一、水力发电概述

（一）水力发电的特点

1.水力发电的可逆性

之所以说水力发电具有可逆性，主要是因为其既能把处于较高位置的水体引向较低位置，从而驱动水轮机发电，对因落差产生的水能进行利用，让其转变为电能，又能够利用电动抽水机把处于较低位置的水抽送到位置较高的水库中储存起来，利用电能让水能源源不断地产生。

2.水力发电机组工作的灵活性

水力发电只需要使用非常简单的机组设备，在操作上也十分灵活便利，不管是开启还是关闭都非常方便，相对来说更加容易将自动化变为现实，具有调频、调峰、旋转备用、事故备用、负荷调整等功能，能够让电力系统变得更加可靠，具有非常明显的动态效益。

3.水力发电生产成本低、效率高

与火电相比较来说，水力发电所涉及的设备十分简单，在对其进行维修时所花费的费用比较少，而且不使用燃料，减少了额外的支出，所以发电所需要的成本较低。水电站在对能源进行利用时，利用率相对来说是很高的，一般能超过 85%，而火电厂燃煤热能效率最高只能够达到 40%。

4.有利于改善生态环境

利用水电站进行发电，不会产生废水以及固体废弃物，不会对环境造成污染，而且随着水库中水的面积不断增加，水库所处地区的气候也会得到调节，人们利用水库还可以对水流在时间与空间上的分布进行调整，进而能够对附近地区生态环境的优化起到促进作用。

由于水力发电具有上述诸多优点，世界各国都以优先发展水力发电、尽可能利用水能这一"绿色环保"资源作为能源发展的基本方针。

（二）我国陆地水力发电资源利用现状

我国拥有数量巨大的水力资源，从理论上讲，仅各个水系蕴含的水力资源就能够达到 6.76 亿 kW，而这其中能够进行开发的超过 500kW 的水电站非常多，其装机容量的总和能够达到 3.78 亿 kW，全年发出的电量能够达到 19233.04 亿 kW·h。此外，我国大陆海岸线全长 18000 多 km，可开发的潮汐动力资源约为 2100 万 kW，估计全年能够发出的电量在 580 亿 kW·h 左右。1949 年，全国水电总装机容量仅为 36 万 kW，年发电量为 12 亿 kW·h。经过 70 多年的努力，我国的水电事业得到了蓬勃发展。截至 2019 年年底，全国水电装机容量的总和在 3.56 亿 kW 左右，全年能够发出的电量超过了 1 万亿 kW·h。水力资源开发利用程度由 1949 年中华人民共和国成立之初的 0.04% 提高到 2011 年的 35%。中华人民共和国成立后，我国先后建成了黄坛口、新安江、狮子滩、官厅、新丰江、三门峡、柘溪、陈村、桓仁、刘家峡等大型水电站，在 20 世纪 80 年代，我国成功修建了装机容量 271.5 万 kW 的葛洲坝水电站和装机容量 128 万 kW 的龙羊峡水电站，这表明我国已经具备了一定的技术能力，能够修建各种形式的千兆瓦级水电站。已经修建完成并且在运行上十分顺利的三峡水电站，其装机容量高达 1820 万 kW、单机容量 70 万 kW，是当今世界上最大的水利水电工程。

从我国水力资源蕴藏分布及开发利用的现状看，我国水力资源具有三方面特点。①水力资源不是均匀地分布在各个地区的，并且也与我国经济发展的现实情况不相符。我国经济发展比较迟缓的西南、西北地区拥有的水力资源，在我国所有能够进行开发的水力资源当中占 77% 左右，中南地区占 15.5% 左右，东北、华北以及华东三大地区共计占 6.8% 左右。在我国，大型或者特大型水电站主要分布在云、贵、川、藏等位于西南地区的省区，其占比超过了 70%。根据我国现在经济发展的状况，在用电负荷方面，东部地区明显比西部地区要高，因此，建设好西电东送工程能够让水力资源分布与经济发展之间存在的矛盾得到解决。②河流之所以能够形成，主要依靠的就是雨水，但是季风对我国气候产生了很大的影响，导致了径流年内水量在分配上非常不均衡，丰水期的流量与枯水期的流量存在着巨大的差距，所以在对水力资源进行开发利用的过程中，应该修建具有较好调节能力的水库，让水电质量能够在整体上得到提高。③高山以及大河地区拥有的水力资源较多，有很多水电站本身的装机容量都逾越了 100 万 kW，这些大型水电站本身具有水头高以及单机容量大等特点，但是其在技术方面存在着许多难以解决的问题，以至于不能更高效地对水力资源进行开发利用。

2001 年底，我国常规水电站的装机容量已超过美国，居世界第一位。到 2050 年，预计我国水电装机容量会达到 4.3 亿 kW，我国蕴藏的水电资源将基本上被全部开发，水电开发率会超过 90%，到那个时候，我国会变成实打实的水电电能生产大国，其水电技术水平将稳居世界领先地位。

二、水力发电的基本原理与特征参数

（一）水力发电的基本原理

水力发电的顺利实现主要是因为有水电站枢纽作为支撑，可以将水电站看作一个工厂，其主要的生产工作就是把水能转变成电能，水能是其进行生产时使用的原料，电能是其生产出来的产品，水轮机以及水轮发电机是其进行生产时使用的主要设备。水力发电的基本原理如下。水库中的水体本身拥有的位能比较大，当水体通过隧洞、压力水管流经安装在水电站厂房内的水轮机时，水流能够推动水轮机的转轮进行旋转，这个时候的水能就变成了由旋转产生的机械能，水轮机转轮带动发电机转子旋转切割磁力线，在发电机的定子绕组上就产生了感应电动势，只要发电机能够与外电路进行连接，就能够实现电力的供给，如此一来由旋转产生的机械能就变成了电能。所谓水电站就是，为了将上文所提到的能量的连续变化变为现实，而建造的水工建筑物及其所安装的水轮发电设备和附属设备的总体。

（二）水电站的输出功率

水电站上游与下游之间的水位差 H_0 可以叫作水电站静水头，假设水电站某时刻静水头在时间 t 内有体积为 V 的水体通过水轮机排入下游。如果忽略掉进水口与出水口水流动能的变化量以及能量的耗损，那么体积为 V 的水体在时间 t 内能够提供给水电站的能量与水体所减少的位能是相同的。单位时间内水体向水电站所供给的能量称为水电站理论出力 N_1（电站出力的单位用 AW 表示），即：

$$N_1 = \gamma V H_0 / t = \gamma Q H_0 = 9.81 Q H_0 \qquad (1-1)$$

式中：γ 为水的容重，$\gamma = 9.81 \text{ kN/m}^3$；$Q$ 为水轮机流量，$Q = V/t$，m^3/s；$H_0 = Z_{上} - Z_{下}$，m。

对于水能来说，在所有的组成要素中，水头以及流量是最为基本的，同时还是水电站本身动力特性最主要的一种表现。从现实情况上看，在水能向电能转化时，一些能量的耗损是必定会产生的，其主要通过两方面体现出来：首先，将水流从上游导引到下游时，引水道水头会产生一定的耗损；其次，在水轮机、发电机和传动设备中，一些能量也会被耗损掉。因此，在现实中，水电站的出力是低于由式（1-1）推导出来的出力的。在考虑引水道水头可能产生的耗损以及水轮发电机组本身的效率这些因素之后，水电站能够产生的真实出力：

$$N = 9.81\eta Q(H_0 - \Delta h) = 9.81\eta QH \tag{1-2}$$

式中：η 为水轮发电机组总效率；H 为水轮机的工作水头，m。η 是大还是小会受到很多因素的影响，如设备本身的类型以及具有的性能、机组以什么样的方式进行传动以及机组工作时的状态，除了这些因素外，设备生产以及安装工艺质量也会对其产生影响。在计算的初始阶段，能够将总效率 η 看成一个常数。如果让 $K=9.81\eta$，那么式（1-2）能够进行这样的改写：

$$N = KQH \tag{1-3}$$

式中：K 为水电站出力系数。如果水电站是大、中型的，那么 K 的值为 $8.0 \sim 8.5$；如果水电站是中、小型的，那么 K 的值为 $6.5 \sim 8.0$。

（三）水电站的发电量

水电站的发电量 E 主要指的是水电站在一段时间内能够发出的电能总量，其单位是 kW·h，对较短的时段（如日、月等）来讲，其发电量 E 能够根据这个时间段里水电站的平均出力 N' 求出来，即：

$$E = N'T \tag{1-4}$$

对较长的时段（比如季、年等）来讲，可先根据式（1-4）计算各较短时段的发电量，然后再相加得到总发电量。

（四）水电站动能参数

水电站的动能参数主要包括：①设计保证率和保证出力。水电站设计保证率主要是指水电站正常的保证程度，也就是正常进行发电时段的总和在计算期总时段中所占的比例，通常用百分数来体现；保证出力主要指的是水电站在与设计保证率相应的正常发电总时段的平均出力。②装机容量。所谓装机容量主要指的是，水电站中所有机组产生的额定出力相加得到的数值。③多年平均发电量。多年平均发电量主要指的是水电站各年发电量的平均值。④水电站装机年利用小时数。水电站装机年利用小时数指的是在所有装机满载运行的前提下，对多年的工作小时数进行计算得到的平均数，它是一个指标，能够对设备利用程度进行体现，同时能够检验出装机是否合理。

（五）水电站的分等指标

为了对电站工程以及位于下游位置的人民群众的生命与财产的安全进行保证，同时为了能够安全地进行经济建设，还为了减少工程建设所需要的成本以及让建设能够以最快的速度进行，我国《水利水电工程等级划分及洪水标准》（SL252—2017）中，以水电站本身具有的装机容量为依据把水电站分成了五个等级，如表 1-1 所示。

表 1-1　水电站的分等指标

工程等别	工程规模	水电站装机容量（万 kW）
一	大（1）型	≥120
二	大（2）型	120～30
三	中型	30～5
四	小（1）型	5～1
五	小（2）型	<1

（六）水电站的基本类型

常见的水电站主要有三种，分别是坝式水电站、河床式水电站以及引水式水电站。在进行修建的时候，坝式水电站通常情况下会建在河流中游以及上游的高山峡谷的位置；河床式水电站通常情况下会建在河流中游或者下游河道相对来说比较平缓的位置，水电站厂房的位置大多处于河床的内部，厂房与坝一起构成了能够起到挡水作用的建筑物，因此水电站厂房会受到来自上游水流带来的压力；引水式水电站通常情况下会建在具有较大坡度以及河水流速比较大的山区河段。

除了上面提到的类型，还有抽水蓄能电站以及潮汐水电站两种类型，下面分别对这两种水电站进行详细介绍。

首先是抽水蓄能电站，这种水电站具有发电与抽水可逆式运行的特点，不仅具有普通水电站具有的发电功能，而且还具有抽水的功能。这一类型的水电站在河流的上游与下游都有水库，由于所处的位置不同，两个水库之间会形成相应落差；厂房里边安装着水泵水轮机组，电力系统在水电站处于低谷负荷的时候，会通过系统中富余的电能把下游水库中的水抽送到上游的水库中，将其储存起来形成水的势能，处于尖峰负荷的时候就可以通过上游水库将储存的水放出来进行发电。因此，抽水蓄能电站的工作可以划分为两种，即发电与抽水，它既能够对系统本身的负荷进行调节，又能让系统内部火电机组的运行状况得到极大的改进。

抽水蓄能电站根据利用水能的情况可分为两大类：一类是纯抽水蓄能电站，它是利用一定的水量在上、下库之间循环进行抽水和发电的；另一类是混合式抽水蓄能电站，它修建在河道上，上游水库有天然来水，电站厂房里边会安装水泵水轮机组以及常规的水轮发电机组，既能进行水流的能量转换，又能进行径流发电，还可以通过调节发电和抽水的比例来增加发电量。

其次是潮汐水电站，这种水电站主要在沿海地区进行修建，通过利用潮汐，也就是潮水涨落产生的水能进行发电。由于潮汐的作用，海水在每昼夜涨落两次，这种涨落潮的水位差，一般为 3 ～ 5 m，最大为 10 ～ 20 m。若在海湾入口处修建闸坝和潮汐电站厂房，把海湾同海洋隔离开来，在潮水涨上来的时候，海洋水位相对于海湾内水位来说比较高，在潮水落下去的时候，海洋水位就会低于海湾内水位，倘若在潮汐发电厂房内安装可逆式水轮发电机组，就可利用这种水位差和海水进出来发电。我国拥有漫长的海岸线，其长度超过了 1.8 万 km，港口和海湾交叉分布，其中蕴含的潮汐能源十分丰富。潮汐水电站可以分为单向和双向两种，前者只能够在退潮的时候进行发电；后者不管是在涨潮的时候还是在退潮的时候，都能够进行发电。

第三节　水利水电工程建设与开发

一、水利水电工程基本建设

（一）基本建设的含义

基本建设主要指的是国民经济各部门利用国家预算拨款、自筹资金、国内外基本建设贷款以及其他专项基金进行的，把加强生产能力当作主要目标的新建、扩建、改建、技术改造、更新以及恢复工程和与之有关的工作。基本建设要完成的目标主要是，促进社会生产不断地向前发展，让国民经济的发展能够拥有更加扎实的物质基础，让人民的物质生活水平以及文化水平能够不断地得到改善与提高。

（二）基本建设的作用

基本建设能够发挥的作用包括：①促进生产在原有规模得到扩大的基础上进行再生产，以此来让人民大众的经济实力与生活水平得到提高，并且促进国防实力的增长；②进行基本建设能够对所有国民经济部门自身生产能力的提高起到促进作用；③不仅能够对产业内部的构成与比例关系进行调整，而且可以调整各部门之间的构成与比例关系，以此更加合理地对全国生产力进行配置；④拉动内需，促进社会经济发展；⑤为社会提供文化设施、市政设施、能源及交通设施等物质基础。

（三）基本建设的分类

工程基本建设的分类，如图 1-1 所示。

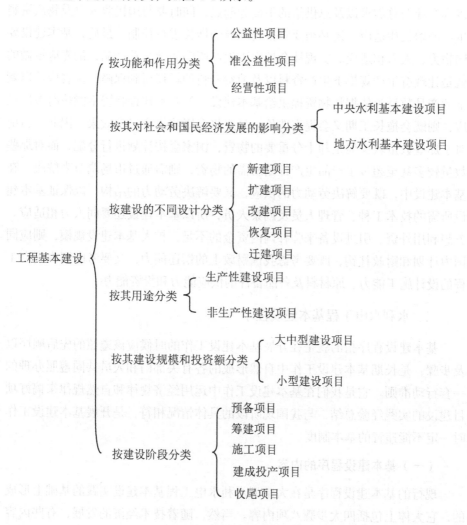

图 1-1 工程基本建设的分类

（四）制约基本建设的因素

基本建设的规模和方向受客观条件的制约，不能随心所欲。首先，基本建设要适应国情。为了全面开创现代化建设的新局面，我国早在"八五"计划中，就依据当时国情提出了要重点开发能源、改善交通运输和电子工业、进入第四次产业革命的目标。所以基本建设就是要适应形势，掌握投资方向。其次，基本建设要适应国力、财力，量力而行。对基本建设投资进行决定的时候，应该以维持社会总需求以及总供给的平衡为起点，同时要与国民收入以及物质资料生产的增长相适应，还必须要对投资规模的增长进行控制。最后，基本建设要同物力、人力相适应。实现社会扩大再生产所需的社会总产品，最先应该做的就是让现有生产规模下生产资料以及消费资料的耗损得到保障，接着应该以剩下的产品数量为依据将物资提供给基本建设。若基本建设物资不能按时按质供应，则既会拖长工期又会提高造价，最终将会影响投资经济效果。因此，目前对于那些数量较少但是却十分重要的物资，国家会按计划进行分配，而对那些数量较多甚至超过了产品生产计划所需的物资，则需通过市场调节来解决。在基本建设中，既要解决劳动力的供应，又要解决劳动力的结构，以保证基本建设所需的技术工种、管理人员及勘察人员，所以基本建设还要同人力相适应。若想利用外资、引进设备来弥补国内资金的不足，扩大基本建设规模，则应同国内计划和财政挂钩，既要考虑我国财政上的偿还能力，又要考虑国内配套工程的设计施工能力、原材料及备品备件的供应能力和投资能力。

二、水利水电工程基本建设程序

基本建设程序指的就是在开展基本建设工作的时候应该遵照的先后顺序以及步骤，是长期基本建设工作中自然形成的各有关部门和人员共同遵照办理的一套行动准则。它是我们在基本建设工作中运用经济规律和自然规律来搞好项目建设的实践经验总结，与我国现阶段的具体情况相符，是开展基本建设工作时一定不能违背的基本制度。

（一）基本建设程序的内容

现行的基本建设程序是在大中型水利水电工程基本建设实践的基础上形成的，它大体上包括四大步骤八项内容。当然，随着技术经济的发展，有些内容在逐渐深化和充实，如关于建设项目进行可行性研究的规定。

1. 四大步骤

四大步骤分别如下：①根据国民经济长远规划的要求，在已经对区域规划进行编报以及经过勘探已经弄清了具体的资源状况的前提下，提出能够促进基本建设项目开展的建议，研究基本建设开展的可行性，并且对可行性研究报告进行编报，同时要对相应的设计任务书进行编制，对能够建设的地点进行选择。②以设计任务书提出的要求为主要依据，对工程、水文地质等条件展开更加深入的勘察，以此对外部建设条件进行确定，开展初步的设计工作，对项目开展所需的总概算进行编制。③初步设计经过审核并被批准之后，此建设项目才可以被列入国家基本建设年度计划之中。以初步设计以及施工图为依据订购需要的物品以及设备，并对施工安装工作进行详细安排。④竣工、试生产、验收、交付生产使用，从而促进新的生产能力的形成。

2.八项内容

（1）计划任务书（设计任务书）

计划任务书是进行初步设计的依据，是将有计划按比例发展国民经济计划落实到各个建设项目的主要措施，是进行基本建设的首要环节。其内容主要包括：进行建设的主要目的以及进行建设的依据；开展建设会达到的规模、产品方案或者生产纲领、进行产品生产时会使用的方法以及应该遵循的工艺原则；矿产资源、水文、地质和原材料；燃料、动力、供水、运输协作配合条件；资源综合利用以及与"三废"治理相关的要求；建设地区或地点和对会占用多少的土地进行估算；在反空袭以及抵御地震灾害等方面的要求；工程建设的时间；投资控制数；劳动定员控制数；要求应该取得的经济效益以及技术水平应该提高的程度；存在的问题和解决的方法；等等。

（2）选择建设地点

主要解决三方面的问题：首先是所使用的资源与原料确定下来与否，以及其本身是否可靠；其次是工程以及水文地质等与工程相关的自然条件能否支持工程的开展；最后是交通、电力等相关的外部条件有没有确定下来以及是否经济合理。

（3）编报初步设计

不管是项目建设的安排还是施工的组织，其最重要的依据都是初步计划，它也是对国家基本建设年度计划进行落实以及进行投资包干的最基础的条件。大中型项目在进行设计的时候，通常会以初步设计和施工图设计为依据。初步设计在经过审核并获得批准之后，才可按照施工需要编列计划、组织开工并陆续提交施工详图。若是那些重大或者是特殊的项目，还应该加上一个阶段——技术设计阶段，或加深初步设计深度，编制扩大初步设计报告或初步设计补充报告及专题报告报批。小型工程，通常情况下只编制工程设计书及工程概（预）算。施工图设计主要指的是，以初步设计或者技术设计为依据，提出工程设计图纸、工程施工详图，提供给施工单位，以便据此施工。

（4）基本建设年度计划

建设项目在拥有了通过审核并得到批准的初步设计以及总概算之后，才可以被列入国家基本建设年度计划之中。计划内的年度投资、设备、材料供应、施工进度，都应体现并保证初步设计文件的要求，在预定周期内投产。需数年建成的项目，其逐年的投资计划必须保证工程建设的连续性。

（5）设备订货与施工准备

建设项目拥有了得到批准的部门设计文件以及建设计划之后，就能够开始对大型设备进行订购以及为施工的进行做准备工作。对那些大型的专门用于此项目的设备，在设备制造部门对其进行设计时，设计单位应该积极地参与其中。对于那些大型的施工项目来说，还需要对施工组织设计进行编制。工程施工过程中需要准备的工作主要有征购土地、开工前的三通一平、落实地方材料、安排进行临建和施工力量组建等。

（6）施工、安装

建设项目一定要在被纳入国家基本建设年度计划，做好与施工相关的准备工作，具备开工条件并填报开工报告经报请上级批准后才能开工。施工和安装必须严格按设计图纸进行，如果需要修改，应先经设计单位同意。

（7）生产准备

在施工过程中，建设单位要按时有计划地按照一定的步骤做好各项与生产相关的准备工作。例如，招聘工作人员并对其进行相应的培训，落实原材料、燃料、动力等生产协作条件，组织工器具、备品、备件的制造和订货，组织形成相应能够对生产进行指挥与管理的机构，并且应制定管理制度以及安全操作规程，这也是非常必要的一点。

（8）竣工验收、交付生产

对于经负荷试验后能够正常生产或符合设计要求能够正常使用的建设项目，应及时组织验收。通过竣工验收，可以及时解决一些影响正常生产的问题，从而确保建设项目在进行生产时不会产生差错。在竣工验收阶段，要总结经验教训，写出完整且详细的竣工验收报告，办理与竣工验收相关的手续，对规定资产进行登记并且要进行移交，最后就是对工程进行交付，并开始生产工作。

（二）基建项目的审批

国家计委，根据经济体制改革的决定，把原本需要进行的五道手续（项目建议书—可行性研究报告—设计任务书—初步设计—开工报告）进行了简化，现在只需要进行两道手续，也就是仅需要审查项目建议书以及设计任务书，其他几道手续交给有关地区和部门负责，这样可大大调动地区和部门参与基本建设管理的积极性和主动性。

三、基本建设经济效益

（一）经济效果与经济效益

经济效果这个概念与经济效益这个概念不仅仅有联系还存在着一定的区别。在进行经济活动的时候，通过劳动得到的有效成果就是经济效果，通常指的是产品本身具有的产值（产量、利润等）。可是得到了经济效果并不意味着就会产生经济效益，如工程建成后不能配套使用或水电站建成后送变电工程未跟上等。因此，经济效益这个概念，不仅包括劳动成果同劳动消耗量与劳动占用量的比较，而且得到的劳动成果应该与社会的需求相符。社会主义经济管理需要遵循的重要原则就是提高经济效益，因此安排基本建设投资，必须首先要强调其经济效益。

（二）正确理解经济效益

要想讲求经济效益，就必须研究从投入转换到产出物质的生产全过程中，怎样才能通过尽可能少的劳动与物资方面的耗损，将更多的能够对社会需求进行满足的社会产品生产出来。对基本建设工作来说，就是要从基本建设的全过程中来理解和探求经济效益。

在项目的设计勘察阶段，应通过项目实物工程量的消耗大小、水资源利用、水量与电能利用等指标来选定技术经济上的最优方案。

在项目的设计阶段，应通过施工组织设计、施工计划的安排与实施以及各时段的统计分析来研究资源的有效投入是否能使工程投产前所付出的劳动量低于社会平均劳动量。具体分析的指标主要有工期、造价、资金占用、物资占用等。

在项目竣工投产阶段，应通过工程竣工验收和运行观察来验证原设计方案是否最终实现，这样也有助于对同类型项目的投资决策做反馈式的研究。

（三）提高基建投资经济效益的途径

1. 控制规模，保证重点建设

为使项目建成后都能发挥作用，使经济效果转变成经济效益，必须加强宏观管理，正确确定基本建设投资规模，适当集中建设资金，保证重点建设。项目决策应建立在科学预测、综合平衡的基础上，要注重确保主体和配套工程的建设能够同步进行，不得乱列超出国民经济发展规划的预备项目，对新建、扩建以及技术改造之间存在的关系要进行恰当的处理。

2. 改革和健全基建管理体制

在基建管理工作中要推行优化管理，将事后监督转变为事前监督，制定各项与之相关的经济责任制度。在建筑安装企业中应该对两个制度进行全面推行，这两个制度就是建设项目投资包干制以及工程招标承包制。

在基建管理体制上，要改革建设资金管理、建筑材料和设备供应方式方法、工程质量监督办法。要多渠道筹措资金，逐步形成真正的资金市场。

在项目管理上，要逐步走上科学管理的道路，实行项目总承包，对项目全过程总负责，改变过去对项目各管一段的做法。如此一来所取得的经济效益就是最优的，也就是说投入资金少、建设时间短并且完成的工程具有很好的质量。

第二章　水利水电施工设计

在进行水利水电建设的过程中，水利水电施工是最后一个阶段，它最主要的任务就是充分发挥施工技术人员的能动性和创造性，利用人、财、物等资源，通过相应的技术进行施工，从而达到用最少的时间完成设计方案的目的。而要想顺利地完成施工，还需要对施工进行设计，本章所涉及的内容就是水利水电施工设计。本章主要分为水利水电施工的特点、水利水电施工组织设计两部分，主要内容包括：水利水电工程施工的任务及特征、水利水电工程施工组织与管理的基本原则、施工组织设计文件的编制、施工组织设计的分类、施工组织设计的内容、施工组织设计所需要的主要资料、施工组织设计的编制原则。

第一节　水利水电施工的特点

一、水利水电工程施工的任务及特征

（一）水利水电工程施工的任务

水利水电工程施工的任务，总的来说，就是让施工人员本身具有的主观能动性以及创造性能够充分地发挥出来，把各种物资（能源、原材料、设备等）与相应的施工技术相结合，让项目的组织、筹划以及管理变得更加科学合理，从而实现使用尽量少的人力、物力以及财力，在尽量短的时间内将设计图纸变为现实的目标。具体体现在以下几个方面。①依据设计、合同任务以及相关部门提出的要求，以开展工程地区的自然条件为依据，结合此地区社会经济发展的情况，设备、材料与人力等资源的供应情况以及工程本身具有的特性，对施工组织设计进行编写，需要注意的是，编写出来的施工组织设计应是符合实际情况并且要能够实现的。②以编写好的施工组织设计为依据，把与施工相关的准备工作做好，同时要增强对施工的管理，根据相应的计划进行施工，确保施

工能够达到相应的质量标准，对建设资金的运用要科学合理，从而以更快的速度更好地将施工任务完成。③在进行施工的时候，应该同时进行观测、试验以及与之相关的研究工作，从而让与水利水电工程建设相关的科学技术能够不断地得到发展。

（二）水利水电工程施工的特征

纵观水利水电工程施工的全过程，不难发现，水利水电工程不仅仅与水有着直接且十分密切的关系，而且同工程所处地区本身具有的施工环境之间的关系也非常密切，如地形、地质、水文以及气象等。其特点归纳起来如下。①水利水电工程能够起到的作用主要包括挡水、蓄水以及泄水等，所以对水工建筑物的稳定、承压、防渗、抗冲、耐磨、抗冻、抗裂、抗震、抗腐蚀等性能都存在着自身独特的需求，必须以与水利工程相关的技术规范为依据，在进行施工的时候采用专门的方法以及措施，从而让工程的质量得到保证。②在地基方面，水利水电工程有着十分严格的要求，进行工程建设的地区地质通常比较复杂，如果不能进行正确处理，就会产生不容易被发现的危险，并且很难进行补救，因此在对地基进行建设的时候，必须采用专门的方法对其进行处理。③大多数水利水电工程都是在水域进行施工的，如河道以及湖泊等，在施工过程中，应该以水流本身具有的自然条件和工程建设提出的相关要求为依据，进行施工导流、截流或水下作业。④水利水电工程施工受气候的影响较大，如降雨、降雪、冰冻等，有时根据质量要求，在高温夏季或严寒冬季需采取降温和保温措施，才能确保工程质量。⑤大多数水利水电工程的规模都是比较大的，而且与所处地区的自然环境之间有着十分紧密的联系，对社会、经济影响较大，与国民经济发展和人们生命财产安全都直接相关。⑥水利水电工程的施工还经常需要在枯水期的时候进行，能够进行施工的时间有限、进行施工的强度相对来说比较大，所以应该对计划进行科学合理的安排，对施工进行周密的组织，对施工时遇到的问题应该在第一时间予以解决。⑦所使用的辅助设施很多都是临时的。水利水电工程所处地区的交通通常都不十分便利，需要进行大量的与施工相关的准备工作，应该对能够为施工提供服务的场内以及场外的交通与需要使用的辅助设施进行修建，还应该对生活以及办公要使用的房屋等进行修建。⑧涉及利益广。水利水电工程往往涉及其他许多经济部门的利益，所以水利水电工程施工必须全面规划、统筹兼顾、合理安排。

二、水利水电工程施工组织与管理的基本原则

在对水利水电工程施工进行组织与管理的时候，应遵循以下原则。①全面贯彻"多快好省"的施工原则，在进行工程建设的时候，需要以相关的要求与可能为依据，尽可能以最快的速度建设质量好、产能多并且能源耗损少的工程，所有仅仅对某个方面进行强调却忽略其他方面的做法都是不正确的，都可能导致不好甚至有害的后果。②根据基本建设程序开展工作。③以系统工程的原则为依据，对施工进行科学合理的组织。④在施工时，管理也应该是科学的。⑤所有的工作都要根据实际的情况来开展，要遵循与施工相关的科学规律。⑥应该对人力与物力进行综合分配，并保持一定的平衡状态，持续并且有规律地进行施工。

第二节　水利水电施工组织设计

一、施工组织设计文件的编制

施工组织设计是一种用来指导拟建工程施工全过程中各项活动的技术、经济以及组织的综合性文件。在对施工组织设计进行编制的时候，需要以不同设计阶段施工组织设计的基本内容和深度要求为依据。

可行性研究报告阶段：执行《水利水电工程可行性研究报告编制规程》（SL619—2013）第 9 章"施工组织设计"的有关规定，其深度应满足编制工程投资估算的要求。

初步设计阶段：执行《水利水电工程初步设计报告编制规程》（SL619—2013）第 9 章"施工组织设计"的有关规定，并执行《水利水电工程施工组织设计规范》（SL303—2017），其深度应满足编制总概算的要求。

技施设计阶段：主要是招投标阶段的施工组织设计（施工规划，招标阶段后的施工组织设计将由施工承包单位负责完成），执行或参照执行《水利水电工程施工组织设计规范》（SL303—2017），其深度应满足招标文件、合同价标底编制的需要。

二、施工组织设计的分类

（一）按工程项目编制阶段分类

根据工程项目建设设计阶段和作用的不同，可以将施工组织设计分为设计阶段施工组织设计、施工招投标阶段施工组织设计、施工阶段施工组织设计。

1. 设计阶段施工组织设计

这里所说的设计阶段主要是指设计阶段中的初步设计阶段。在做初步设计时，采用的设计方案必然联系到施工方法和施工组织，不同的施工组织所涉及的施工方案不同，所需投资亦不同。

设计阶段施工组织设计是对整个项目的全面施工进行安排和组织，涉及范围是整个项目，内容要重点突出，施工方法拟订要经济可行。这一阶段的施工组织设计是初步设计的重要组成部分，也是编制总概算的依据之一，由设计部门负责编写。

2. 施工招投标阶段施工组织设计

水利工程施工投标文件通常可以分为两类，即技术标与商务标。这里提到的技术标指的就是施工组织设计部分。这一阶段的施工组织设计以招标文件为主要依据，以在投标竞争中取胜为主要目的，是投标文件的重要组成部分，同时也是进行投标报价的基本依据。在此阶段，施工组织设计的编写工作主要由施工企业技术部门负责。

3. 施工阶段施工组织设计

施工企业通过竞争取得对工程项目的施工建设权，从而也就承担了对工程项目建设的责任，这个建设责任主要是在规定的时间内，按照合同双方规定的质量、进度、投资、安全等要求完成建设任务。这一阶段的施工组织设计主要以分部工程为编制对象，以指导施工，控制质量、进度、投资，从而顺利完成施工任务为主要目的。这一阶段的施工组织设计是对前一阶段施工组织设计的补充和细化，主要由施工企业项目经理部技术人员负责编写，以项目经理为批准人，并监督执行。

（二）按工程项目编制的对象分类

1. 施工组织总设计

在对施工组织总设计进行编制的时候，全部的建设项目是其编制的对象，因此它能够对工程施工中每项施工活动进行指导，是一种比较周密的规划，包含的范围十分广泛，内容也十分全面。

施工组织总设计的主要用途是明确工程建设需要的总工期、所有单位工程项目建设需要遵循的顺序与工期、主要工程的施工方案、各种与施工相关物资的供需设计、整个施工场地的临时工程与准备工作的总体布置、施工现场的布置工作等，除了上面提到的用途，施工组织总设计还是施工单位编制年度施工计划和单位工程施工组织设计的基础条件。

2. 单位工程施工组织设计

单位工程施工组织设计是以一个单位工程为编制对象，用以对单位工程施工过程中所有的施工活动起到指导作用的指导性文件，它不仅是施工单位年度施工设计的具体体现，还是施工组织总设计的具体体现，同时也是施工单位在对作业规程进行编制时，以及对季、月、旬的施工计划进行制订时，应该采取的依据。单位工程施工组织设计编制工作通常是在做完施工图设计之后进行的，由于工程本身规模大小不一，以及工程施工时所采用的技术也有着不同的复杂程度，其编制出来的内容，不管是在深度方面，还是在广度方面，都会存在不一样的地方。对那些相对来说不是那么复杂的单位工程来说，施工组织设计通常只需要对施工方案进行编制再附上施工进度表以及施工平面图。单位工程施工组织设计的编制工作应该由工程项目的技术负责人在拟建工程开始建设之前完成。

3. 分部（分项）工程施工组织设计

分部（分项）工程施工组织设计，也称为分部（分项）工程施工作业设计。它是把分部（分项）工程当成编制对象，用以具体指导其分部（分项）工程施工全过程的各项施工活动的技术、经济和组织的综合性文件。分部（分项）工程施工组织设计的编制工作通常是在单位工程施工组织设计将施工所使用的方案确定下来之后，再由施工队（组）技术人员进行的，它包含的内容十分全面，具有非常强的可操作性，能够对分部（分项）工程施工工作的开展起到指导作用。

三、施工组织设计的内容

根据《水利水电工程初步设计报告编制规程》（SL619—2013）和《水利水电工程施工组织设计规范》（SL303—2017），初步设计的施工组织设计应包含以下内容。

（一）施工条件分析

之所以要对施工条件进行分析，是因为要对它们能够对工程施工起到的作用，以及它们可能对工程施工产生的影响进行判断与分析，以此将对工程施工有利的条件充分地进行利用，避免或减少不利因素的影响。

施工条件主要包括自然条件与工程条件两个方面。

1. 自然条件

①洪水多发时段、枯水时段、各种频率下的流量及洪峰流量、水位与流量之间存在的关系、洪水本身的特性、冬季冰凌情况（这主要是针对北方河流来说的）；②施工区支沟各种频率洪水、泥石流及上下游水利水电工程对本工程施工的影响；③枢纽工程区的地形、地质、水文地质条件等资料，枢纽工程区的气温、水文、降水、风力及风速、冰情和雾等资料。

2. 工程条件

①枢纽建筑物的组成，枢纽建筑物具体的结构形式以及主要尺寸，还有对枢纽建筑物进行建设时涉及工程量的大小；②泄流能力曲线，水库本身具有的特点，水库中的水位，对水能进行划分时使用的主要指标，对水库中存储的水量进行分析与计算的方法，库区淹没及移民安置条件等规划设计资料；③工程所处地区具备的对外交通运输条件，上游以及下游能够使用的场地面积的大小及其分布状况；④工程施工本身具有的特征以及同别的相关部门的施工协调；⑤施工过程中的供水、环境保护以及大江大河上的通航、过木、鱼群洄游等特殊要求；⑥工程施工时使用的主要天然建筑材料以及大宗材料的来源和供应条件；⑦工程所处地区的水源、电源、通信的基础条件；⑧国家、地区或者相关部门提出来的与该工程施工准备以及工期等方面有关的要求；⑨承包市场的情况，有关社会经济调查和其他资料等。

（二）施工导流设计

之所以要进行施工导流，主要是因为要对工程施工整个过程中产生的与挡水、泄水以及蓄水相关的问题进行恰当的处理。施工导流设计的目的是通过对各期导流特点和相互关系进行系统分析、全面规划、周密安排，以选择技术上可行、经济上合理的导流方案，保证主体工程的正常安全施工，并使工程尽早发挥效益。

1. 导流标准

所谓的施工导流就是在河床中修筑围堰围护基坑，并且要把施工过程中处于河道上游位置的水，根据设定好的方式导向河道下游的位置，为工程建设的开展创造干地施工条件。而所谓导流标准指的就是选择导流设计流量进行施工导流设计的标准，主要可以将其划分为初期导流标准、坝体拦洪度汛标准以及孔洞封堵标准等。

2. 导流方式

（1）全段围堰法

全段围堰法还可以叫作一次拦断法、河床外导流法，主要指的是主河道被全段围堰一次拦断后，水流将会被引导向旁边泄水建筑物进行泄水的方法。这种方法经常被用于河床狭窄、基坑工作面不大、河流比较深且水流比较湍急、覆盖层较厚、在修建纵向围堰方面存在困难以及在进行分期导流方面存在困难的工程。

（2）分段围堰法

分段围堰法还可以叫作分期围堰法、河床内导流法。所谓分段指的是把河床围成许多能够进行干地施工的基坑，分段开展施工工作。所谓分期指的是根据时间上存在的差异，把导流过程分成不同的阶段。分期是以时间为依据的，而分段则是以空间为依据的。在工程建设的过程中，运用较多的导流方式是两段两期的方式。在面对河流本身河床较宽、流量较大，以及完成工程需要的工期较长等情况时，更加适宜采用分段围堰法，这是因为该方法更加容易让通航、过木以及排冰等需求得到满足。

3. 导流方案

所谓导流方案主要是指一个水利水电工程的施工从开始建设到最后建设完成，所运用的一种或者多种导流方法的组合。一个合理的导流方案应该是技术上可行，经济上较省。

在对导流方案进行选择的时候，需要考虑的因素如下：①河流本身具有的水文条件。②坝区附近的地形条件，如河床宽度、有无沙洲可供利用、河道弯曲程度和形状、河岸是否有宽阔的施工场地等。③河流两岸及河床的地质条件及水文地质条件，如河岸岩石是否坚硬、能否开凿隧洞、河床抗冲刷能力、基础覆盖层厚度等。④水工建筑物的形式及其布置。例如，土石坝不能采用汛期基坑淹没、坝体过水的方案。若土石坝有布置在较低高程的永久性泄水底孔时，其在导流后期可以作为导流建筑物使用。⑤施工期间河流的综合利用。⑥施工进度、施工方法和施工场地布置。例如，施工截流时间、施工队伍本身具有的在施工方面的能力等。

4. 导流工程施工

导流工程的施工主要包括：导流建筑物（如隧洞、明渠、涵管等）的开挖、衬砌等施工程序、施工方法、施工布置、施工进度，选定围堰的用料来源、施工程序、施工方法、施工进度及围堰的拆除方案，基坑的排水方式、抽水量及所需设备。

5. 截流

在对施工时的水流进行控制的过程中，在临时导流泄水建筑物（隧洞、明渠、底孔等）完工以后，将原本的河床截断，使得河水只能通过临时泄水道下泄的过程，被叫作施工截流。在对水利水电工程进行施工时，施工截流是非常重要的一个控制性环节。施工截流的成败往往直接影响整个工程的进展，稍有不慎，可能将整个工期推迟一年。

能够实现截流的方法包括定向爆破截流、闸门截流以及抛石截流。定向爆破截流适用于全段围堰法。闸门截流一般用于分期导流的后期，即关闭导流隧洞、导流底孔或导流明渠前期导流建筑物上预留的闸门，最后截断河水。下闸后，水库即开始蓄水投入运行。在施工截流时，抛石截流这种方法是使用频率最高的一种方法。

6. 施工期间的通航和过木措施

在大江大河上施工时，应根据有关部门对施工期（包括蓄水期）通航、过木等的要求，调查核实施工期间过闸（坝）通航船只、木筏的数量、吨位、尺寸及年运量、设计运量等，对有可能阻碍通航或不能进行通航的时段进行分析，并研究其可能造成的影响，同时要对解决方法进行研究。施工企业在对方案进行比较与分析时，不仅要提出施工期各导流阶段通航、过木的措施和设施，分析其可通航天数和运输能力，还应论证施工期通航与蓄水期永久通航的过闸（坝）设施相结合的可能性，以及它们之间存在的衔接关系。

（三）主体工程施工

所谓的主体工程主要是指那些主要的建筑物，如挡水建筑物、泄水建筑物、引水建筑物以及发电建筑物等，要以所有建筑物自身的施工条件、程序、方法、强度、布置、进度以及机械等问题为依据进行对比，并且要进行分析，最后做出最合适的选择。

对于有机电设备和金属结构安装任务的工程项目，应对主要机电设备和金属结构的加工、制作、运输、拼装、吊装以及土建工程与安装工程的施工顺序等问题，进行与之对应的设计并且要对其进行论证。

（四）施工交通运输

1. 对外交通

对外交通运输需要对技术、经济等方面进行比较分析，选择那些在技术上更加可靠的、经济上更加合理的、运行上不存在困难的、不会受到很多干扰的、

第二章 水利水电施工设计

不需要花费太多时间进行施工的、能够让场内交通的衔接变得更加方便的方案。运输方案编制是解决对外交通的核心部分。在对运输方案进行选择时，需要考虑工程所处地点交通运输设施的实际情况、施工时要完成的总运输量、分年度运输量及运输强度、重大件运输条件、与国家（地方）交通干线的连接条件以及场内外交通的衔接条件、交通运输工程的施工期限及投资、转运站以及主要桥涵、渡口、码头、站场、隧道等的建设条件。在编制运输方案时，尽量按照不同的组合编制多个方案，然后通过选择、优化最终确定最优方案。

一般情况下，在进行对外交通时，最常使用的运输方式就是公路运输；在有能力并且条件允许的情况下，可以采用水路、铁路等运输方式进行运输，或者把几种运输方式结合起来进行使用。在为大件设备的运输制订方案时，需要根据当地现有的能够进行运输的道路的具体路况、在修建建筑物时应该遵循的技术标准以及通行条件，拟定与当地实际情况相适应的改进方法，并且要在同相关单位进行协商后，才能够确定采取什么样的措施。在有需要的时候，应该专门报告给相关的主管部门进行审批。应该尽可能地减少大件设备在运输时进行转运的次数。在对外来物资进行运输时，可采取不止一种运输方式，这就要求在改变运输方式的地点设置相应的转运站，至于设置的转运站应该具有多大的规模，则需要以物资来源、类型以及到货情况等为依据，同相关部门进行接洽协商，然后进行确定。

2. 场内交通

在对水利水电工程项目进行施工时，涉及的场内交通要以按照施工总进度确定的运输量以及运输强度为依据，并且要与施工总布置相结合，以此统一地进行规划，并且需要对其进行分析与计算。水利水电工程场内交通所遵循的技术标准应该符合《水利水电工程施工组织设计规范》（SL303—2017）附录E的相关要求。

对于场内交通中那些一般性的附属设备应该统一地进行规划；而对于那些专业性比较强的附属设施应该根据相关的专业标准进行设计。在对场内跨河设施的建设地点进行选择时，需要注意的是，选择出来的位置要符合水利工程、导流工程进行施工时产生的需要，应该设置在河道顺直，水流稳定，并且地形以及地质条件相对来说都比较好的河段。在有需要的时候，还应该采取水工模型试验的方式对选择出来的位置进行验证。

（五）施工工厂设施和大型临建设施

对于施工工厂设施，需要以施工的任务以及要求为依据，分别确定各自的位置、规模、设备容量、生产工艺、工艺设备、平面布置、占地面积、建筑面积和土建安装工程量，提出土建安装进度和分期投入的计划。而对于那些规模比较大的临建工程，应该专门对其进行设计，对其建设需要工程实物的数量，以及施工时应该遵循的步骤进行合理安排。

（六）施工总布置

施工总布置最重要的任务就是分期、分区以及分标地规划开展施工工作的场地，其进行的主要依据就是施工场地本身地形地貌特征、枢纽主要建筑物的施工方案以及所有临建设施的布置要求，对分期与分区的布置方案以及每个承包单位进行施工的场地范围进行明确，对土石方的开挖、堆料、弃料和填筑进行综合平衡，提出各类房屋分区布置一览表，对需要使用多少土地以及进行施工需要征用多少土地进行估算，提出科学合理的土地使用计划，对施工时如何同时兼顾环境保护进行研究，以及研究施工地点植被恢复的可能性。

（七）施工总进度

在安排施工总进度时，一定要与国家制定的与工程投产相关的规定相符合。要想对施工的进度进行科学合理的安排，就一定要对工程本身规模的大小、导流应该遵循的程序、施工地点的对内交通、与临时建筑物相关的准备工作等因素进行认真的分析，对全部工程的施工总进度进行拟定，对项目开始的日程与结束的日程进行明确，并弄清楚它们之间存在的衔接关系；对于导流截流、拦洪度汛、封孔蓄水、供水发电等控制环节以及工程建设需要完成的形象面貌，应该进行专门的论证；对土石方、混凝土等主要工种工程的施工强度，对劳动力、主要建筑材料、主要机械设备的需用量，要进行综合平衡；应该对施工工期与工程需要花费的费用之间存在的关系进行分析，提出能够合理地缩短工期的建议。施工总进度需要对处于关键线上的工程进行划分，让主、次关键工程变得更加突出，同时也应该突出显示重要工程；确定工程开始的日期、截流与蓄水的日期、第一台机组开始发电的日期以及工程建设完成的日期。

（八）主要技术供应计划

根据施工总进度的安排和定额资料的分析，对主要建筑材料（如钢材、钢筋、木材、水泥、粉煤灰、油料、炸药等）和主要施工机械设备，列出总需要量计划以及分年需要量计划。

（九）附图

在完成了以上的设计内容之后，还需要结合工程的现实状况提供一些附图，具体包括：施工场内外交通图；施工转运站规划布置图；施工征地规划范围图；施工导流方案图；施工导流分期布置图；导流建筑物结构布置图；导流建筑物施工方法示意图；施工期通航布置图；主要建筑物土石方开挖施工程序及基础处理示意图；主要建筑物土石方填筑施工程序、施工方法及施工布置示意图；主要建筑物混凝土施工程序、施工方法及施工布置示意图；地下工程开挖、衬砌施工程序、施工方法及施工布置示意图；机电设备、金属结构安装施工示意图；当地建筑材料开采、加工及运输路线布置图；砂石料系统生产工艺布置图；混凝土拌和系统及制冷系统布置图；施工总布置图；施工总进度表及施工关键路线图。

必须指出，施工组织设计从内容上看是各自有各自注重的方面，并且都各具特色，可是这些内容之间却存在着十分密切的联系，是相辅相成的关系。对施工组织设计的内容进行研究，搞明白这些内容之间存在的内在联系，不仅有利于做好与施工组织设计相关的工作，同时也有利于做好施工场地的组织工作与管理工作。

四、施工组织设计所需要的主要资料

（一）可行性研究报告施工部分需收集的基本资料

可行性研究报告施工部分需收集的基本资料包括：①可行性研究报告阶段得到的与水工以及机电设计相关的成果；②工程所处地区对外交通的现实情况以及最近一段时间的发展规划；③工程所处地区以及周围能够提供的施工场地的具体情况；④工程建设地点的水文气象资料；⑤在施工期间，通航、过木以及下游用水等要求情况；⑥所需建筑材料的主要来源以及供应条件；⑦施工地点水电方面的实际情况以及供应条件；⑧地方以及各部门提出的与工程建设相关的要求与意见。

（二）初步设计阶段施工组织设计需补充收集的基本资料

初步设计阶段施工组织设计需补充收集的基本资料如下：①可行性研究报告及可行性研究阶段收集的基本资料。②初步设计阶段的水工及机电设计成果。③进一步调查落实可行性研究阶段收集的②~⑦项资料。④该地区能够提供的修理与加工能力的现实状况。⑤工程地点承包市场的现状，该地区能够供给多少劳动力。⑥该地区能够提供的生活必需品以及实际的供应情况，该地区居民在生活上的习惯。⑦工程所在河段水文资料、洪水具有的特点、各种频率的流量及洪量、水位与流量之间的相互关系、冬季冰凌情况（北方河流）、施工区各支沟各种频率洪水、泥石流以及上下游水利工程对本工程的影响情况。

⑧工程所处地区的地形、地貌、水文地质条件，以及气温、水温、地温、降水、风、冻层、冰情和雾的特性资料。

（三）技施阶段施工规划需进一步收集的基本资料

技施阶段施工规划需进一步收集的基本资料如下：①初步设计中的施工组织总设计文件及初设阶段收集到的基本资料。②技施阶段的水工及机电设计资料与成果。③进一步收集国内基础资料和市场资料。一是工程开发地区的自然条件、社会经济条件、卫生医疗条件、生活与生产供应条件、动力供应条件、通信及内外交通条件等。二是国内市场可能提供的物资供应条件及技术规格、技术标准。三是国内市场可能提供的生产、生活服务条件。四是劳务供应条件、劳务技术标准与供应渠道。五是工程开发项目所涉及的有关法律规定。六是上级主管部门或业主单位对开发项目的有关指示。七是项目资金来源、组成及分配情况。八是项目贷款银行（或机构）对贷款项目的有关指导性文件。九是技术设计有关地质、测量、建材、水文、气象、科研、试验等的资料与成果。十是有关设备订货的资料与信息。十一是国内承包市场有关技术、经济的动态与信息。④补充搜集国外基础资料与市场信息（国际招标工程需要）。一是国际承包市场同类型工程技术水平与主要承包商的基本情况。二是国际承包市场同类型工程的商业与经济动态。三是工程开发项目所涉及的物资、设备供货厂商的基本情况。四是海外运输条件与保险业务情况。五是工程开发项目所涉及的有关国家的政策、法律、规定。六是由国外机构进行的有关设计、科研、试验、订货等的资料与成果。

五、施工组织设计的编制原则

①实行国家制定的相关方针政策，严格执行国家基本建设程序和遵守有关技术标准、规程、规范，并且应该与《中华人民共和国招标投标法》中的相关规定以及国际招投标中的相关惯例相符。②施工组织设计应该是面向社会进行的，进行的调查不能仅仅局限于表面，而应进行深入的调查，收集与其相关的市场信息，以工程本身具有的特征为依据，提出适合在本地进行工程建设的施工方案，并且应该对技术经济等方面进行具体且详细的比较分析。③对新技术、材料、工艺以及设备进行开发，并对其进行推广，在技术与经济效益进行提高方面做出不懈的努力。④统一进行规划与安排，恰当地对各分部分项工程进行协商，均衡地进行施工。⑤在工程建设时要遵守工程所在地区有关基本建设的法规条例或按照地方政府的要求，不得对工程所处地区以及河流本身具有的自然特性造成破坏，要有上级单位对工程建设的可行性研究报告的批复文件。

第三章 水利水电建筑设计

在我国水利水电工程建设中，水利水电工程的建筑设计是非常重要的一部分，水利水电工程的建筑设计是确保整个水利水电装备安全稳定运行的基础条件。由于我国水利水电工程施工的复杂性，在进行建筑施工的过程中应严格按照施工技术要求的技术规范从而使整个建筑物施工方案有章可循。本章分为水利水电建筑设计概述和水电站建筑物设计两部分，主要内容包括对水利水电的建筑设计探讨、水利水电建筑设计的内容及应注意的问题、水电站进水口建筑物设计、水电站引水道建筑物设计。

第一节 水利水电建筑设计概述

一、水利水电工程建筑设计的原则与要点

在社会经济发展过程中，合理设计水利水电建筑工程十分重要，水利水电工程的建筑设计除考虑建筑物的功能、安全和经济外，还应注意美观。因此，本节对水利水电工程的建筑设计原则及其设计要点进行了探讨和分析。

（一）水利水电工程的建筑设计原则

1. 持续发展的原则

在工程建设各个阶段要综合考虑，规划设计不同工程建设的建筑与环境时应采用持续发展的策略。

2. 统筹规划的原则

统筹规划水道、桥梁、水闸等设计布局，统筹规划管理功能区的功能，统筹规划在建项目与环境各因素的协调统一、和谐存在。

3. 和谐协调的原则

理性调整建筑物使用功能与外观造型的关系、已存在建筑物与新设计建筑物的协调统一问题、设计工程与周边区域融合的关系、工程建筑结构与设备设施匹配的问题、建筑物建筑风格与地域特色统一的关系。

4. 特色鲜明的原则

建筑设计既要显现出超前水利水电工程的特点，同时又要秉承传统的水利水电工程固有特色、建筑沿线区域建筑特点与建筑区域存在的历史文化建筑特色的统一，同时，建筑设计还应具有标志性建筑特色，既别具一格又和使用功能相统一。

5. 突出重点的原则

根据工程设计的固有特色，突出重点，明确难点，做到特色与功能的完美统一。

6. 节约简朴的原则

在进行水利水电建筑设计时，应实施合理的节约型设计规划，将节能型材料广泛应用到设计的各个环节，同时还应将自然条件和地质因素充分考虑到设计中来，要重视就地取材和天然材料的应用，并应尽可能减少对自然环境的破坏。在进行水利水电建筑设计时，应力求达到高起点的规划、新颖的规划方案、较少的工程资金投入，同时还要节省土地资源。

（二）水利水电工程的建筑设计要点

1. 平面设计要点

水利水电建筑项目的勘察设计步骤有以下几部分。

①组织土建、设备、水利、电气等专项设计人员与水利水电使用单位进行电站投产研讨，明确使用要求和技术标准。

②由土建设计人员组织开展水电建筑平面图的绘制，由设备设施设计人员组织设备设计位置的划定、设备安装位置的摆布，由水利水电专业工程师对项目设计方案的可行性进行分析和研讨。

③土建专业设计人员主要掌握建筑物总体建筑结构的规划设计，负责与之配套的交通设施的可行性设计。设计人员要发挥主观能动性，充分提高建筑物空间利用率，合理划分功能区域和综合考虑空间的利用问题。

④水利水电建筑物的特点是在尊重水利水电设计基本规范的前提下，充分结合施工现场环境、地质特点形成独具特色的水利水电工程项目设计。同时建

筑物平面设计要满足现场施工条件及机械泵组等设备的安装需求。水利水电专项工程要与土建专业相互配合，互相借鉴，互相研讨分析，相互协作。水利水电专业设计不仅要合理安排水利设计的功能化需求，同时还需要结合现场地质条件、水文特点规划合理的施工方案，使周围景物环境和人文景观相协调，并统一建筑物外观，使其达到统一协调的效果，最终使水利水电工程与自然环境浑然一体。合理规划水利水电工程设计与建筑设计，可以有效降低建筑投资和施工难度，优化设计，美化环境。

2. 造型设计要点

水利水电工程设计的特点是会呈现出设计人员自身的不同风格：有的大气磅礴、气势恢宏；有的能够与周围环境浑然天成，融为一体；有的则是具有自身独特的特点，与周围的环境、人文景观相互辉映，形成一种独特的风格。一般来讲，一座水利水电工程是一个整体，水电站的各个组成部分是整体的有机组成部分，整体的综合定位要和部分的设计功能及建筑结构相协调，相互匹配，不同部分之间也应高度统一在总体的设计风格之内。当然不同设计案例之间要充分体现出所处环境因素的特性和地质水文条件的差异性。

例如，泵房的平面设计要求根据泵组设备的体积合理规划泵组设备安装位置，系统设备要在统一基准点和纵横中心线下完成安装，泵房空间要尽量规整，体量与设备所需基础要相匹配。但是有时候需要考虑其他组成部分，如水道等的位置不同，需要改变设备安装位置及高程，同时受到地质水文因素的影响，泵房空间的设置也要依托于地势特点。简单来说就是，设计要做到各个环节的协调统一，并充分衡量环境因素的成分。

再如，链接泵房的水道的设计要充分结合地势和岩体结构，合理设计可以有效减少能力损耗和水流速的损耗，同时可以有效地降低施工成本。同时，考虑到地势植被的特点采用不同的外观结构和颜色匹配，可以很好地和地理环境相呼应、相协调，给人一种过目不忘的效果，形成独具特色的设计语言。

建筑物的设计风格的选定要考虑设计师自身特点、周围地质环境、人文环境等因素，统筹考虑水利水电工程使用功能与造型美观的充分统一。不管采用什么风格都要充分考虑施工的可行性，在保留自身特色的前提下，尽可能降低施工的难度和成本。

二、水利水电工程建筑设计在人员调配上存在的问题及对策

（一）水利水电工程建筑设计在人员调配方面存在的问题

随着我国建筑事业的发展和水利水电工程项目的开展，特别是近些年受到"一带一路"建设的影响，我国建设者频繁地在"一带一路"沿线国家承建水利水电工程项目，水利水电建筑设计取得了骄人的业绩，它已经成为建筑设计的一个重要组成部分。当然从人员调配的角度来说，水利水电建筑设计还存在一些需要完善的环节。

1.建筑设计人员缺乏与业主沟通交流

在水利水电工程的建筑设计中，各方设计人员缺乏沟通意识，导致彼此之间存在设计上的盲区和纰漏，尤其是设计人员缺乏与业主的沟通交流，无法真正了解业主的建筑意图和使用要求；特别是一些改扩建工程，设计人员在前期调研过程中没有充分听取业主的详细介绍，仓促完成前期项目的勘察工作。这样会导致在建工程在设计上无法与原工程无缝对接，严重的甚至出现严重不匹配或与结构脱节的情况。这会给业主带来无法估量的损失和难以弥补的缺陷。

2.建筑设计美观和经济不协调

我国建筑设计的方针首先是功能性、经济性，其次是外观的协调性与美观性，但是在实际操作中很难做到面面俱到，既美观又经济听起来很合理，但是想要做到美观，就要在材料、施工等多个环节增加投入，同时还要充分平衡美观与经济之间的关系，合理安排施工经费的投入。当然在设计上也可以做合理的优化和节约，比如使用成本较低的材料替代稀有材料或合理优化材料结构和外观尺寸，不要一味地追求粗狂，在满足安全使用的前提下，尽可能地缩减产品用料，减小外观体积，这样在有利于节约成本的同时也可以兼顾外形美观。因为水利水电工程大多为国家或省部委的重点项目，体量巨大，可能一个设计优化带来的经济节约就是惊人的数字。同时还有一个难题就是在使用功能安全可靠和经济投入之间进行权衡。但是使用功能和安全可靠是红线，是前提，任何节约成本的设计优化都不能够跨越这条红线。要充分发挥设计者的主观能动性，也要多借鉴当今先进的设计理念，真正做到一个工程一个设计，而不是生搬硬套抄袭而来。

（二）水利水电工程的建筑设计对策

1. 建筑设计与艺术创作

从某种程度上来讲，建筑设计的过程就是艺术创作的过程，同样是在前人没有过的基础上创作新的事物。所以建筑设计与艺术创作有着密不可分的关系。很多时候设计师都是一位艺术家，他们会将自身对建筑的理解化作线条，勾勒出具有自身独特风格的设计作品，犹如一件艺术品一样呈现在人们眼前。当这独特的设计从纸上变成现实的时候，就是这件艺术品展现在大家面前的时候。

2. 设计者又是经济师

设计师同艺术家又有一些不同，因为这件艺术品需要从纸上的线条变成挺拔的建筑，那么设计师就必须考虑施工难度和施工成本的问题。设计师同时又是一位经济师，他们要充分考虑设计方案的实施工艺特性，将施工成本与设计相结合，合理安排设计效果和成本投入，既要考虑包装设计的美观实用，又要兼顾施工的成本投入。

三、水利水电工程建筑设计的内容及应注意的问题

水利水电工程的建筑设计要统筹考虑，将各个环节协调统一，并通盘考虑地质环境、施工条件、季节因素、自然气候等多种因素的影响，力求将设计的功能性、安全性、环保性、节能性、节材性统一起来。

（一）水利水电工程建筑设计内容

1. 总平面设计

水利水电建筑工程的总平面图设计是完成水利水电建筑设计的第一步，总平面图应该涵盖建筑工程的总体概况和设备设施配套、设施功能划分等内容，包括主体工程建筑设计和附属配套设备设施的布置和配套。例如，截流闸门、堤坝、泵组、阀门等，匹配的地表植被恢复、管理综合工作用房、管理办公活动区域需要结合实际勘察的基本数据及现场勘察的实际地理条件进行布置。泵站枢纽设施设置泵组厂房和车间及员工生活办公区域时应保证功能性和安全性及特殊条件下的耐久性。总平面图的设计不仅要满足现有设计要求的基本功能，还要对后期设备设施功能升级进行可行性分析，同时还要做好环境保护的调研工作，使水利水电建筑物与生态环境相协调。

2. 水电建筑造型设计

水利水电建筑物的造型设计要在满足基本功能性、安全性的前提下，突

出设计师天马行空的设计理念，设计风格既要有该区域地域特色又要符合当下的时代特点，还要应用高科技手段、将先进的设计语言应用到设计当中来。设计不但要体现该区域的人文主义特色，还要使水利水电建筑与具体的地质结构和功能高度统一，以加强水利水电建筑的个性和特色；要充分展示出水利水电工程的产业特色和结构特点，根据不同的地质结构设计不同的厂房及设备设施的布置方案及参数，对不同功能区在外形、高度、颜色、外观上要加以区分；在设计过程中可使用对比、组合、借鉴等手法，在结合我国国情的前提下借鉴我国在一带一路沿线国家构建的先进设计理念，形成独具特色的特有的设计语言。

3. 水利水电建筑材料设计

设计师同时也是经济师。水利水电工程设计从根本上来说是在保证功能性、安全性的前提下合理使用建筑材料，因此水利水电工程设计人员应充分分析施工地域特点和材料分布特性，尽量做到就地取材，合理规避高价材料。

（二）水利水电建筑设计中应注意的问题

1. 前期规划中存在的问题

在水利水电工程的设计工作中，前期的规划工作是非常重要的。在工程项目设计工作开始前进行充分的规划，可以有效地避免设计工作中的一些失误。但在前期规划中，仍存在着一定的问题。

（1）规划资料的收集方面存在问题

在水利水电工程的设计工作中，完成前期规划工作的前提条件是进行规划资料的收集。收集资料包括水文数据、水力公式参考以及相关的水利工程参数。因此，为有效地确保整个工程项目设计的合理性，严格进行资料的审查是十分必要的。但在资料收集的过程中，由于缺乏一定的科学真实性，收集的数据会出现一定偏差，从而会造成整个项目工程设计以及施工的不合理性，严重的会影响到这个工程项目的施工质量和后期的稳定性及安全性。

（2）勘察结果存在问题

在工程设计前的准备阶段，设计工作的周期相对要短一点，但所需要承担的任务量却非常大，具有很大的烦琐性。这会使一些设计单位无法严格按照相关的设计标准规范进行相应的设计，因而会在很大程度上影响整个工程的设计质量。这些影响主要表现在以下几个方面：水利水电工程设计人员在完成设计勘察工作的过程中，只是根据项目工程现场所测量的结果和相关的一些地质调查资料进行设计，并未切身地深入工程项目现场进行实地的考察，使设计受到一定的局限性；在一些水利水电工程设计案例中，由于资金缺乏，设计人员在进行设计前，对工程项目整体的调研工作不全面，使调查工作缺乏一定的真实性和科学性。这样的调查结果对整个工程项目的设计工作不仅没有帮助，反而会影响到正常的施工质量。

2. 设计人员的专业能力和综合水平不满足相关要求

在一些水利水电工程设计案例中，设计人员综合素质以及专业知识水平的不足，在很大程度上影响了整个工程项目的设计质量。

（1）设计人员之间不能够很好地进行合作

在水利水电工程的设计工作中，工作人员之间未进行良好的沟通和密切的配合，会导致设计工作存在缺陷。由于水利水电工程的设计工作涉及很多方面的内容，因此，在进行工程项目的设计时，必须经过详细的研究和密切的配合，才能有效地确保整个设计工作的科学合理性。

（2）设计人员本身专业能力的问题

在我国现阶段，一些设计师的专业设计能力不足，其专业水平无法满足现代化水利水电工程的发展所需。同时设计师没有充分全面地考虑整个项目的各个方面，由此无法确保整个项目工程的施工质量。

3. 概算编制存在的问题

在水利水电工程的建设施工过程中，概算编制也是非常重要的一项内容。

（1）概算编制说明过于简单

在进行水利工程的设计预算编制前，应结合水利水电工程的实际勘查情况进行详细规整的分析和研讨，但就现阶段而言，一些水利水电工程在进行预算估算时，并未进行详细规整的分析和研讨，而预算的内容也过于简单，一些项目不够完善，这使概算编制没有起到相应的作用，这样对后期的建设会有较大的影响。

（2）单价分析不准确

在施工过程中，一些水利水电工程在进行单价分析时有一定的不合理性，设计师也没有根据市场的行情进行详细的分析，由此使整个项目的投资受到一定的影响。

第二节 水电站建筑物设计

一、水电站进水口建筑物设计

（一）水电站进水口的功用和基本要求

水电站进水口是水道系统的第一个环节，其功用是按照发电要求将水引入水电站的引水道。水电站进水口应满足六个基本要素。

①进水能力要充足。在各种工况条件下进水口的位置和开口尺寸都应满足足够需求的水流量。泵组枢纽位置设置要根据进水口的位置和高程进行合理的调整。

②水质要符合设计要求。禁止河底泥沙和各种有毒有害污染物进入水道和泵组前段水轮机。进水口的位置应设置拦截淤泥、河沙、污染物和漂浮物的装置，确保污染物和泥沙不会拥堵进水口，确保进水口的通畅和水流量。从而为水轮机工作提供洁净的高速水流。

③水流量的损失要足够小。合理安排水电站进水口位置和尺寸要求，在加装泥沙和污物拦阻装置后，仍能够使进水口水流顺畅、流速损失不大。

④可控流量。进水口位置应设计截流闸门，无压式引水电站进水口的水流量大小的控制通常也是由进水口截流闸门调节的。

⑤符合制定的水利水电工程建筑物一般设计规范。进水口设置必须满足足够的强度、刚性、韧性和可控性。

⑥保证施工方法简便、施工成本低廉，充分保证设施的功能性和安全性，便于设备运行、检修和维护。

进水口的位置和尺寸选择决定了水电站建设的限制因素，进水口的位置布置要和水流量相协调，要充分认识地质条件的影响。

（二）水电站有压式进水口设计

有压式进水口基本定义：进水口高程差设在水库死水位以下，以引进深层水为主，使整个进水口工作时处于有压状态，后面一般接有压力隧洞或压力管道。坝式、有压引水式、混合式水电站比较适合使用有压进水口。有压进水口大多由进口段、渐变段、闸门段等组成。

1. 水电站有压进水口设计的基本要求

（1）有压进水口的类型及适用条件

水利水电工程中进水口类型有竖井式进水口、墙式进水口、塔式进水口等。

在隧洞进水口附近的岩体中开挖竖井形成竖井式进水口，大多要对结构进行修正和完善，竖井的顶部设置有设备间和操作机房，截流闸门布置位置在竖井中，隧洞式进水口位置随洞身尺寸的变化进行调整。竖井式进水口适合用于工程地质条件比较好、岩体结构比较完整、山体比较平坦，便于机械施工作业的区域。

墙式进水口的特点为进口段、闸门段和闸门竖井均布置在岩体之外，形成一个紧靠在岩体上的外挂墙式建筑物。由于墙式建筑物独特的结构特点，水压及山岩压力的作用力会同时作用在墙体之上，因此要求墙体必须具备足够的韧性和刚性。墙式进水口适用于地质条件较差、山坡较陡、不便于机械设备施工作业的区域。

塔式进水口的塔式结构是由进口段、闸门段及其框架组成的，塔顶如同竖井结构一样，在塔顶设置有设备间和操作机房。塔式进水口的进水方式为单边或多边，水流汇集在竖井的塔底位置，确保足够的水流量以完成下一步的工作。风浪气压和地震力对塔顶的结构影响较大，需进行抗震、抗倾、抗滑稳定的测定和结构钢的加固和优化，确保塔式结构有抗击震动和冲击的强度和刚性，塔式进水口一般用作材料坝枢纽。

2. 有压进水口的位置、高程及轮廓尺寸设计

（1）有压进水口的设计

有压进水口的设计位置应在水电站有压进水口枢纽区域，设计应确保使水流速度达到设计要求，应尽量使水流平顺、对称，不发生回流及旋涡，不出现淤积，不聚集污物，确保洪峰通过时的水流顺畅。有压进水口后连接的压力隧洞应与洞线布置保持一致，应根据地形和地理位置合理安排施工位置。

（2）有压进水口的高程设计要求

有压进水口顶部高线应低于运行中可能出现的最低水位，并应有一定的淹没深度，设计高度不能高于该深度。漏斗漩涡会导致带入空气、吸入漂浮物、引起设备噪声和振动、减小发电机组过水能力、影响水电站的正常运转，根据以往建设水电项目实测数据观测分析结果得出，不产生旋涡式虹吸现象的临界条件估算公式如下：

$$S = cV\sqrt{H} \qquad (2-1)$$

式中：H 为截流闸门净高，m；V 为截流闸门断面水流速度，m/s；c 为经验系数（$c=0.55 \sim 0.73$，对称进水时取较小值，侧向进水时取较大值）；S 为截流闸门顶位置低于最低水位的临界状态深度，m。

进水口的高程应根据工程实际勘测条件尽最大可能提高改善结构的受力条件，控制闸门、启闭设备和引流渠道的造价，但前提是要确保进水口前避免出现净水口压力差过大和旋涡式虹吸现象。一般情况下，有压式进水口的设置要满足位置地域取水口高程（如果根据实际施工环境要求不能满足则要在进水口附近设置排沙装置以确保进水口不被淤沙堵塞）要求，进水口的底部高程通常比水库设计淤沙高程高 $0.5 \sim 1m$（如果设计了排沙装置，则可以根据实际施工需要设置高程）。

（3）有压进水口的外形结构要求

在有压进水口的外形结构尺寸设计中，进水口的结构通常包括闸门区、进口区及渐变区。进水口的外形结构应使水流流畅、阻力较小、流速均匀，保证水流与四周侧壁之间无负压及涡流现象产生。

（4）进口区、闸门区等功能要求

①有压进水口的进口区的功能为连通拦污栅与闸门区，竖井式进口区一般设计为平底，两侧收缩曲线是 90° 圆弧或双曲线，上部分的曲线设定一般采用双周曲线。

②有压进水口闸门区的功能为进口区和渐变区的连通，与此同时，闸门和启闭设备应设置在该区域内。闸门区大多为矩形，检修闸门的开孔口可与相邻的开孔尺寸比较，门宽应等同于洞径、门高度应略大于洞径。截流闸门区的体型主要取决于所采用的截流闸门、截流门槽的结构特点，设计长度要满足截流闸门及泵组启闭设备设置所需要的区域要求并且应能够顺利进行引水道检修操作。

③有压进水口渐变段是矩形闸门段到圆形隧洞的过渡段，通常采用圆角过渡，其圆角半径 r 可按直线规律变为隧洞半径 R。渐变段的长度一般为隧洞直径的 $1.5 \sim 2.0$ 倍，侧面收缩角宜为 $6° \sim 8°$（一般不得超过 $10°$）。

④为了适应坝体的结构要求，坝式进水口的长度应缩短，通常把进口区与闸门区进行合并。坝式进水口经常做成矩形喇叭口形状，用以消除闸门尺寸、孔口尺寸给坝体结构带来的影响，水头较低时要将孔口尺寸进行开口加大，以减少水头流量损失。喇叭口的形状应根据试验结果决定，以确保水头流量损失最少。坝式进水口的渐变区大小一般采取引水道直径的 $1 \sim 1.5$ 倍，根据压力管道连接的条件，坝式进水口纵横中心线的位置可以设置为水平的或倾斜的。

3. 有压进水口的主要设备

有压进水口的主要设施有拦污设备、截流闸门及其泵组启闭设备、充水阀等。

（1）拦污设备的主要功用

常设进口处的拦阻格栅可以控制浮萍、树枝、杂草、塑料袋、垃圾等在流经进水口时不堵塞进水口区域。

（2）截流闸门及其泵组启闭设备的功能

截流闸门及其泵组启闭设备的主要作用为控制水流，为发电机叶轮的转速快慢提供控制因素，进水口应设置特殊作用闸门，一般分为事故闸门和检修闸门。事故闸门的功能为泵组机组发生故障时，迅速关闭闸门，切断水流，将事故阀门设置在开孔上方，事故发生时在很短时间内即可完成闸门关闭，闸门能在静水中处于开启状态（工作流程为先用充水阀向门内补充水，待门内外两侧水压差等同后打开闸门）。事故闸门通常为平板门，可使用固定在顶部的卷扬机或液压动力装置作为启闭设备，应给每个截流闸门配置一套特殊闸门系统。此类事故闸门后应设置通气孔，功能为当引水道快速进水时平衡压力差而完成排气，当事故闸门遇特殊情况紧急关闭放空引水道时，用以补气以防止出现有害真空。前止水布置型闸门能用事故闸门竖井兼作通气孔，后止水型闸门要设专门的通气孔设施。

（3）充水阀的功能要求

充水阀的功能是开启闸门前向引水道灌水以平衡闸门前后水压（以便在静压状态下开启闸门，从而减小闸门启闭阻力），充水阀的尺寸可根据充水水量、下游漏水量及要求的充水时间确定。

（三）水电站无压进水口设计

无压进水口内水流方式为明流，引入表层水为其主要方式，进水口后基本连接无压引水道。无压进水口主要用在无压引水式电站中，用于控制水量与水质，同时保证发电所需水量以减少水头水量损失。无压进水口的应用结构包括进水口位置、拦污设施以及拦沙、沉沙、冲沙设施等。

科学合理地安排进水口位置既能使水流流程、阻力减小和水流损失减少，又能减轻河水泥沙和漂浮冰凌带来的危害。其上游大多不设置大型水库，当河中流速较大时，泥沙等各种污物会迅速到达进水口，因此进水口位置要布置在河流弯曲段凹岸的区域。

拦污设施的设计要求是在进水口设拦污网或浮排来拦截各种漂浮物。根据污物的外形尺寸和数量结构可通常设置粗、细两道拦污网，当漂木、树枝较多时则可设置水面围栏。

拦沙、沉沙、冲沙设备要满足水电站无压进水口能有效防止有害泥沙进入引水道的要求，以免有害泥沙淤积引水道，以及磨损水轮机转轮和过流部件。

二、水电站引水道建筑物设计

（一）水电站引水道的特点及设计要求

水电站引水道的功能是集中水流，形成落差，把水流输送到水电站厂房，再将发电后的低速水流排回到原河道。引水道可分为无压引水道和有压引水道两个种类。无压引水道的特点是必须具有自由水面，引水道承受的水压较小，常用于无压引水式水电站，无压引水道的常用结构样式是渠道结构和无压隧洞结构。渠道根据山势高线布置，因地形及地质条件制约，开挖工程量及开挖方法要根据地形特点合理安排，后期维修、维护成本根据地形特点会有很大差异，但是由于其在地表表面施工简便，操作难度较小，故投资较小的中、小型电站普遍采用这种引水方法。有压引水道的引水方法为引水道内部为承压管道，管道内承受较大的水压力，常用在有压引水式水电站。有压隧洞是有压引水道常用的结构类型，它可以利用岩体承受内水压力和防止渗漏，当无法使用有压隧道时可应用压力管道，压力管道材质可以根据实际使用需要选择水泥管道或钢制管道。

1. 水电站引水道设计的基本要求

水电站的调峰功能会根据水流情况和上游水量情况合理调整闸门开启大小，调配下游水量，维持水库正常合理蓄水水位，为洪峰来临时保留足够的库容。

2. 水电站引水动力渠道的类型

水电站引水动力渠道通常可以分为两类，分别是自动调节渠道和非自动调节渠道。

自动调节渠道的顶部堤顶和尾部堤顶的高程差基本相同，并且应该高于水流上游的最高处，渠道断面下面的一段会逐渐变大，渠道末端不会设置泄水装置。

①当水电站引入的水流停止时，渠道内水位差是水平的并且渠道内水流会缓慢地流动不会出现乱流现象。

②当水电站引用水流量小于渠道设计载流量时，渠道内水流会出现泄水的现象。

③当水电站引用水流量大于渠道设计载流量时，渠道内的水位会有所下降。自动调节渠道在最高水位差和最低水位差之间会有高程差和体积差，实现了渠道内水位的自我更新的效果，为水电站适应流量的改变提供了条件。

非自动调节渠道一般采用平行渠底，渠道的深度沿途不应改变，在渠道内部没有设置根据水流量差值自动调节的装置。

①当水电站的引用流量与渠道设计流量相同时，水流处于匀速流动状态、水面线与渠底齐平、渠内为正常水位。

②当水电站引用流量低于渠道设计流量时，水面出现溢水现象、水位超过围堰顶然后向外溢流。

③当水电站引用水流量为 0 时，流经渠道的全部水流泄流而下。

非自动调节渠道的优点是渠顶可随地理地势特点变化，当渠道长、底坡陡时，工程量比较小，溢流堰可以通过水流速度调控水位的变化。非自动调节渠道的不足之处是，若下游无用水需求但进口闸门又不能够及时关闭则会造成大量不必要的渠水浪费。

（二）水电站引水隧洞设计

发电隧洞是水电站比较常见的输水结构之一。发电隧洞按类型的不同，可分为引水式隧洞和尾水式隧洞；根据隧洞工作环境条件的不同，又可分为有压式隧洞和无压式隧洞。发电引水隧洞多数是有压式的，尾水式隧洞以无压式居多。

1. 水电站设计

水电站设计中的重要内容是选择发电隧洞的线路，这与隧洞的造价、施工方法、施工安全性、工程进度安排和运用可靠性等指标息息相关。发电隧洞线路的选择要与进水口、压力管道、调压室及厂房位置联系起来综合考虑，应在认真勘测施工现场后先拟定出各种不同设计方案，然后经过对技术、经济、施工条件、投产时间等多因素进行比较后确定最终方案。在满足水电站枢纽总体设备设施功能的前提下，隧洞线路布置的总体原则为"洞线短、弯路少，沿线地质环境、水文特性条件好，便于布置施工作业面"。

2. 发电隧洞的水力计算

发电隧洞的水力计算包括恒定流及非恒定流两种。恒定流计算的作用是研究隧洞断面、引用流量和水头损失之间的逻辑关系，用以确定隧洞的尺寸和位置。非恒定流计算的目的是求出隧洞沿线各点的最大、最小内水压力值，首先要求出的是调压室内的最高及最低水位。

第四章　水利水电节能设计

在水利水电工程建设中，应逐渐融入资源节约型的建设标准，每一个工程建设都应把节能降耗作为关键任务和目标，这关系到水利水电工程的长远发展之路。只有充分开发工程中的节能潜力，优化水利水电工程的节能设计，才能合理利用资源，有效提高能源利用率。本章分为水利水电工程电气节能设计、水利水电工程经济评价与节能分析两个部分，主要内容包括水利水电工程电气节能设计常出现的问题、电气节能设计依据的基本原则、水利水电工程电气节能设计方案、水利水电工程经济评价和水利水电工程节能分析等。

第一节　水利水电工程电气节能设计

一、概述

节能降耗逐渐成为水利水电工程中各个环节的重要任务之一，但是由于我国大部分水电站发电机组仍然不够完善，导致了资源的大量浪费。目前，建筑能耗仍然是我国主要的能源消耗之一，只有提高建筑水电工程节能技术，合理运用能源，将可持续发展绿色经济管理概念深入贯彻到水利水电行业，使其逐渐适应能源转变的潮流，才能进一步解决能源短缺的问题。

水利水电工程在城市防洪、水力发电、农业灌溉、生态环境等领域能够发挥巨大的作用。在当前全球经济高速发展的背景下，能源供需出现了矛盾，全球各国都在提倡可持续发展的理念，要求开展绿色环保、节能的生产与设计。

涵盖计算机、智能控制等多个领域的电气技术在水利水电工程中的广泛应用，能够有效拓展水利水电工程自身的功能，可以高质量和高效率地利用水资源、电资源以及其他各种资源。电气设备是水利水电工程运行的关键，电气设备在整个工程运用期间应高效、低耗运行，实现节能减排，只有这样才能推动

43

行业的绿色可持续发展。

总之，在水利水电工程中进行电气节能设计，不仅可以提高整个工程的应用质量，还可以优化水利水电工程的系统性能，延长工程的使用寿命，提升水利水电工程的经济与社会效益。

二、水利水电工程电气节能设计常出现的问题

（一）缺少健全的规章制度

规章制度不健全是水利水电工程电气节能设计存在的主要问题之一，规章制度是指导水利工程电气节能设计的文件，规章制度中需要包含电气节能设计的相关方法措施，为水利工程电气节能设计提供参考。由于规章制度不健全，在水利水电工程电气节能设计时就会缺乏统一规章制度的制约，从而导致无法有效实施电气节能设计，节能设计效果较差。

（二）节能产品滞后

当前科技发展迅速，技术水平越来越高，但是关于节能技术的发展却不尽如人意，节能产品的发展相对滞后，严重影响了节能电气设计。研究表明，节能产品滞后的原因主要有三个。

一是节能技术发展落后。节能技术落后是节能产品滞后的直接原因。我国制造业的研发能力不足、创新能力较差，因此我国的电气节能技术发展落后，致使节能产品滞后。

二是缺乏节能意识。节能产品滞后的原因之一就是多数人缺乏节能意识，市场需求较小，无法推动电气节能技术的发展以及节能产品的发展，因而出现节能产品滞后的现象。

三是管理制度不严格，缺乏必要监督。在节能产品滞后问题上还有一种较特殊的现象就是可能存在部分管理人员偷工减料中饱私囊的情况，如将购买节能产品的资金占为己有，或只购买一些价格低廉的被淘汰的节能产品，这样不仅达不到电气节能的目的，还会造成更大的浪费，并会对其他设备造成损耗。

（三）节能设计不合理

节能产品的设计是许多领域节能设计的关键，虽然有时在实际的工程节能设计中投入了大量的资金，也对节能产品的设计非常重视，但是由于各种原因，节能产品的设计还是不够合理，常规的产品、不具备节能功能的产品、淘汰的节能产品的投入使用，都使得工程中的能耗没有降低反而增加，这样也不能达

到很好的电气节能成效。因此，只有强化节能设计的有效应用，才能保证水利水电工程中电气节能设计的合理性，从而真正有效地降低电气能耗。

（四）电气设计人员认识不足

在当前水利水电工程电气节能设计过程中，电气设计人员的认识不足，还是一味地追求工程的经济效益，没有对工程的整体质量给予足够的重视，导致在工程完工后使用的过程中，节能水平和节能能耗达不到预定的标准。

电气设计人员还应时刻具有节能意识，这样才能在水电水利工程的节能设计中重视电气节能的内容，将关注点集中在水利水电工程施工的需要以及利益上。否则设计人员对电气是否节能并不关注会使电气节能方面的设计不足。另外，设计人员未注意到其他设施对电气的迫切需求也会导致出现周围农田、居民生活、相关企业电气应用不当等问题，进而使电气消耗大、电气节能设计不足。

三、电气节能设计依据的基本原则

（一）合理利用

要遵循国家相关法律法规、行业规划、产业准入条件和产业政策，节能设计还要符合节能减排的设计标准和要求，要结合每项工程的具体特点，明确当地行业电气的能耗指标，要对负荷容量、工程设备进行合理的设计，开展针对性的节能设计，要符合标准，保障节能设计方案的可行性。

（二）降低能耗

节能设计显而易见就是要以降低能源消耗为主要内容，要考虑整个工程的经济性，对节能技术进行合理分析，提供多项更加规范和科学的节能设计方案，尤其对电气设备中的光源、照明等采用创新型节能产品，结合节能效果、投入成本等要素，从众多方案中选择最优的设计方案，优先选用先进的电气节能工艺和技术，促进水利水电工程的有效运行和发展。

（三）因地制宜

水利水电工程电气节能设计还要与其他专业节能设计相协调，要因地制宜，配合工程的总体规划，要对当地所处环境、水力机械及辅助设备等进行全面分析，对运行资金和经济效益做充分的考虑，加强工程施工期、运行期的技术管理，共同构建一个有机的节能体系。

四、水利水电工程电气节能设计方案

（一）规章制度方面

"没有规矩，不成方圆"是人们在生活中常用的格言，任何事物都要有一定的规章制度来约束。尤其像水利水电工程这种关系到民生的大工程，也要不断地完善各项规章制度，这样才能不断提升工程的整体质量，也才能保证工程的正常运行。

在不断完善规章制度的基础上，要强化水利水电工程的质量管控，不断提升工程建设和运行中全体人员的综合素质。设计人员只有具备扎实的相关理论知识、熟练的基础岗位工作技能，才能在节能设计中制定出优秀的节能设计方案，才能保证工程的顺利实施。

（二）电气自动化技术方面

①认知水利水电工程电气节能建设的需要，认识到整个工程运行稳定性的要求，提升电气自动化技术在工程应用中的价值。

②强化对效益因素和成本因素的关注，制定具体的应用策略，明确分析工程所需要的能源消耗量，整合工程成本。

③重视水利水电工程中所出现故障的影响因素，分析电气自动化技术应用的能源消耗情况，适应工程的可持续应用发展。

（三）变压器方面

变压器的合理选择，尤其是节能型的变压器，是电气节能设计的基础，要保证变压器的负荷率在75%～80%，合理选择变压器的容量与变化，这样才能保证变压器在最高效率点运行。

①要选择合理的供电电压等级，发挥变压器自身的节能、低噪声、抗冲击等优势，遵循电气节能设计的要求。

②优先考虑电源点与供电距离之间的变压器线路路径，选用低能消耗而且有效节能的变压器。

③节能变压器的有效利用，可以节约能源，最大限度地降低气体排放量，体现出节能的价值。

（四）供配电系统设计方面

①有效选择变压器容量和台数。

②尽可能缩短母线和电缆长度，有效降低线缆损耗。

③正确选用电动机和电容器，减少电能输送中的电能损耗，改善电能质量。

④根据配电网络的负荷变化，动态调整补偿电容器组的投入容量和变压器抽头。

⑤用计算机监控系统改善配电系统，随时察看电能消耗并进行适当的调整，从而降低工程中电能运行成本。

⑥分步设计好供电网络，有效管理电压，提高对电路故障的分析、预警能力，减少供配电系统事故的发生，使供电网络正常、高效运行，提升水利水电工程的整体质量，充分利用水、电能源。

（五）电源开关方面

水利水电工程电气节能设计中也要考虑电源开关的节能设计，结合软开关技术，减少电气开关和噪声的消耗，提升工程中电源开关的使用频率，同时实现水利水电工程电气节能的目标。

（六）电力设备有效选择与装设方面

为了减少水利水电工程中的资源浪费，增加工程建设的环保效益，还要合理选择电力设备，有效对电力设备进行合理装设，将变压器和电动机结合起来进行分析和考虑，降低能源消耗和噪声。

同时还要根据水利水电工程建筑物的布置位置及周围的地质、地形条件、户内成套设备运行情况等，进行运行可靠性、设备使用寿命、设备检修及维护等方面的方案设计，选用一级能耗的用能设备，优化电气节能中的电力设备。

（七）照明设备节能设计方面

照明设备的节能设计，最重要的是要遵循国家的规范标准，并在此基础上，保障照明的照度，减少光能的损耗。

1. 自然光的开发

在水利水电工程建设中，要将电气工程与土建工程结合起来，最大限度地使用自然光线，减少照明系统的应用。例如，在地下工程建设中，可以将太阳光引入导管，应用光导照明系统进行节能设计。

2. 绿色环保照明节能设计

在绿色环保照明节能设计中，要全面考虑照明系统的能耗与环境污染现象，根据光线的强弱调节照明系统参数，也要考虑工程建设中灯光对周边居民的影响。应针对工程施工的一般场所、高温施工环境、潮湿用电环境等不同情况采用不同的节能设计，在保障安全施工的基础上，减少系统能耗。

3.高效光源的选择

对于高效光源的选择，要遵循显色性能优异、发光效率高与寿命周期长等要求，根据不同工程建设的不同电气场所需求，选择合适的光源，实现照明系统的利用最大化，减少能源损耗。对于办公室室内、机械车间、科研场所等不同环境和不同场所，应选择节能荧光灯、高频无极荧光灯和高压钠灯等不同的光源，适当调整照明光源，实现灯具的长期可靠运行。

总之，通过各种电气节能设计，才能实现资源的合理利用，节约能源、节省开支，提升水利水电工程电气节能的有效发展。

第二节　水利水电工程经济评价与节能分析

一、水利水电工程经济评价

（一）做好数据资料的收集与管理

对水利水电工程进行经济评价，首先要做好工程项目中所有资料的收集工作，包括工程设计区域的具体状况、规模、气候、水文、地质以及各种参数等环境数据和工程参数，在收集数据的基础上，进行分析与管理，确保相关节能设计数据的合理性、可实施性。

（二）实施勘察设计有效招投标管理

对水利水电工程进行经济评价，也包括对节能设计水平进行分析，这就需要履行勘察设计的招投标管理，通过优选设计机构履行招投标管理制度，通过竞争有效预防专业垄断，从中挑选出良好的工程节能设计方案，利用专家会审做好工程经济效益和节能分析的评估与审核工作，进而提升质量管控的综合效益。

二、水利水电工程节能分析

（一）给排水功能

1.完善的自排水功能

在水利水电工程中，首先要对自排水功能进行经济评价与节能分析。要通过工程建设和完工后的水位差进行自排水的测试，这一过程是不需要动力协助的；而在工程建设中，还有通过用水泵排水装置进行排水的强排水方式。自排水和强排水这两种排水方式都可以有效解决汛期快速排水问题，不过相比较来说后者的能源消耗明显大于前者。

在实际情况中，影响自排水功能的结构很多。不过多数情况下，河道的结构、水系的安排、水闸的结构特点对排水有重要的影响。因此，工程一般都会根据实际的施工情况建立比较完善的防水防洪排涝系统。在进行河道断面和水闸拓宽的选择时，要先科学合理地比较其安全性、经济性和实用性，得到较为合理的方案后再进行施工，这样不仅减少了泵站的建设数量，节约了资金与施工材料，还使得水闸闸门的关闭通过控制水闸前后的水位差就能实现，运用此种方法能够得到一个较为完善的具有自排水功能的调节系统，从而可以达到有效节约能源的目的。

2. 通过控制水压保护好给排水器件

操作人员要充分重视水压的作用并且要对其进行有效合理的控制。

首先，应该对水压有清楚、准确的测量，争取得到较为准确的水压范围；

其次，要有效地控制水压，通过合理有效的手段进行减压；

最后，要设置减压阀来控制单位时间内的水流量。

3. 新能源的利用及热水供应

为了避免水资源的不必要浪费，给排水设计中热水的供应系统也应该得到充分的考虑，其中包括了在满足使用需求的情况下要最大限度地减少热水的使用、管道输送过程中对热水造成的不必要的损失以及如何谨慎选取新型环保节能的保温材料，还有就是开发与新能源相适应的新型节能产品等。

4. 科学合理规划排水模式

在水利水电工程的排水系统中，通常有一级排水、二级排水两种排水模式，对这两种排水模式要进行科学合理的规划，根据排水需求合理选择排水水泵，发挥二级排水河道的蓄水功能。

5. 雨水的积蓄及水资源的循环利用

对雨水资源的开发利用，一方面保护了环境，另一方面还有助于水资源的循环再利用。自20世纪80年代起，西方国家就对雨水资源进行了一定程度的研究、开发和利用，但是这必须要依据当地情况来决定采取何种措施。这些排水处理不仅要满足管理方面的要求，还要在经济上达到节约的要求。这就要求工作人员要不断地学习科学文化知识，加快研发的脚步，运用新工艺充分开发水资源的循环再利用。

（二）电力工程

1. 合理选择水泵参数

在整个水利工程泵站的设计中，水泵的选择极为重要，要根据设计要求规范地选取水泵的参数，包括口径、比转速、水泵泵型等，这是为了让水泵能够高效工作所必须要做到的前提。我们所说的泵站的装置效率是指从泵站的进水口到出水口整个泵站装置的效率。如果选用高效的水泵电机组，那么就应该降低这些建筑物的水力消耗，合理有效地选择流道布置，来提高泵站的装置效率，降低流道的水力消耗。

2. 变压器节能分析

变压器要依据实际情况选择所需的类型与数量，要选用节能型的变压器。因为变压器所承载压力的消耗和变压器的效率是正相关的关系，而变压器的效率又与所承载压力的功率有着直接的关系，因此在选用时，仅仅从变压器的空载损耗和负载损耗两方面来说，同样都是 10kV 的变压器，空载损耗降低 41.5% 左右，负载损耗降低 13.9% 左右。当然了，如果承载的压力出现了变化，那么就需要科学更换某些相对来说能源消耗高的变压器，以进一步降低能耗。

3. 线路损耗节能分析

（1）控制导线的长度

导线的长短对于节能降耗也有着很大的作用，如果导线太长，运载能量所走的线路就会变长，损耗的能量就会相应地增加，所以应该尽量使用较短的导线。

首先，在线路布局时，为避免线路发生不必要的弯路，应尽量遵循两点之间线段最短的布线原则；

其次，在线路布局时，低压的线路要减少回头或者不回头，这样就能够减少能源在线路中的浪费；

最后，变压器的安装地点要选择在靠近承载压力的地方，尽量缩短供电的距离。

（2）选取电导率较低的材料制作的导线

经过大量的实践和研究得知，铜的电导率最低，因此铜最适合成为电线的制作材料。但是铜的使用也要有节制，在实际操作中要尽量节省使用铜材料，采取科学合理的节能措施。这样合理选取导线的应用，也能达到电气节能的效果。

（3）通过提高功率因数来降低能量的损耗

提高功率因数可以减少一部分不必要的设备供电。采用功率因数较高的同步电动机等可以提高企业的原始功率因数。使用电感应的气体放电灯，并且将它们用单独的电容器安装，也可以有效提高功率因数。降低无功功率的同时，也能使静电电容达到无功补偿。

4. 照明设备的节能分析

要将自然光和室内光进行合理的分配，更多地使用自然光源，以此来节省电能，在基本满足照明标准的前提下将单位面积电灯安装率控制在合理的范围内，所使用的灯光源，最好采用高效率的钠灯等气体发光光源。

（三）建筑物

1. 建筑屋面

在对水利水电工程进行经济评价和节能分析中，建筑屋面的节能设计也是对工程中建筑物进行评价和分析时需要考虑的一个因素。建筑屋面的绿色节能设计，可以采取在建筑物的屋外增加具有轻质量、低吸水率和高反射性特点的保温材料作为保温层的方法来进行隔热，以达到节约能源的目的。

2. 建筑门窗

对于工程中建筑物的建筑门窗的节能设计，关键是对门窗缝隙的处理。为了达到节能和保温的目的，建筑门窗的节能设计如下。

①要对建筑门窗的框架缝隙进行处理，先用泡沫胶填充，后用水泥或其他填充材料密封找平。

②对于窗口玻璃可以选用中空的双层玻璃。

③门窗设计要达到实用的目的，能够防止雨水的渗透、抗击风压等。

④为了防止渗水漏气，在建筑物的连接处要使用水泥砂浆进行严密性处理。

3. 建筑墙体

对于建筑物墙体的节能设计，应根据设计需要采用合适的保温材料和施工工艺，例如可以利用空心砖建筑墙体，这样可以通过传递热量来使建筑物达到冬暖夏凉的效果。这种对外墙的保温处理，既能有针对性地解决节能保温问题，也能更好地节省开支，收到良好的经济效益。

第五章 水利水电环境保护

水利水电工程对当地的环境会产生一定的影响。对于选定的水利水电工程，要进一步综合研究环境保护措施并做出相应的投资估算，简要分析水利水电工程对环境影响的经济损益，进而设计出针对不同环境的保护措施。本章分为水利水电工程对环境的影响、水利水电工程环境保护的措施两个部分，主要内容包括水利水电工程施工对生态环境、水环境、大气环境、声环境的影响以及自然环境保护措施、社会环境保护措施、工程施工区环境保护措施、水土流失预防与治理、环境保护实施的保证措施。

第一节 水利水电工程对环境的影响

一、水利水电工程施工对生态环境的影响

（一）对河流生态系统的影响

水利水电工程有时会修建在天然河道上，修建渠道、人工湖和水库等工程会造成天然河道和河流自然形成的生态环境被破坏，从而改变河流生态环境的多样性，对河流生态系统产生一定的影响。这种影响主要表现在：降低生态环境的异质性，诱发河流生态系统退化，也使得河流中的生物群落不断减少；造成自然水流不能连续进行，上游河道失去河流自我修复和自身净化的功能，下游河道的农业灌溉受到影响，从而影响河道中水生生物的生存环境。

1. 水文泥沙情势变化

天然河道中的水文泥沙能够影响河流的生态环境，而在河道上修建水利水电工程以后，会影响河流中的水文泥沙条件的改变，进而影响河流生态系统中的水生、陆生生物的生存，甚至会影响河道上下游的航运、农作物灌溉等国民

大事。例如，水库上游河道水深的增加改善了上游的航运条件，有利于供水、灌溉等，但下游河道河床会发生持续冲刷以及河道形态处于经常性变化过程而不利于航道稳定。

（1）库区水文泥沙特性

有的水利水电工程是修建水库，这样会造成库区大量泥沙的淤积，这使得库区的水文泥沙失去了平衡。水库淤积不仅会影响河流流域的面积、土壤、植被等，也会影响库容及水库的调度运用方式。水库淤积所造成的主要问题如下。

①影响水库效益的发挥并带来一系列生态环境问题。

②给上下游的航运造成影响，甚至会影响交通枢纽的安全运行。

③影响河流下游的河道冲刷和变形。

④污染水库的水质环境，影响河流中的鱼类繁殖。

⑤减少河道下游农业生产中所需的细沙等天然肥料。

⑥严重的淤积还会给上游居民的生产生活带来不利的影响。

（2）水库下游河道水文泥沙特性

当河道上游修建水库工程后，下游河道水沙明显改变，表现在削减洪峰，增补枯水，中水期持续时间延长，枯水流量加大、含沙量减小，河床冲刷粗化，河道形态处于不稳定变化过程中。

2. 水温变化

水利水电工程对河流水温的变化，表现为以下几个方面。

（1）库区水温分层

库区中的水温具有特殊的结构，水温随相对容积的大小和水深呈不同性状的变化，如表 5-1 所示。当水库中蓄水后，库区水温会发生变化，也会影响库区周围的水质、水生生物及下游的生态环境。

表 5-1　水库水温结构特点表

水库特性	水温特点
混合型	库内水体垂向水温分布比较均匀
分层型	水温在垂向大致分为上、中、下三层：表温层、温跃层和深水层。各层水温呈现不同变化
过渡型	同时兼有以上两种水温分布特征

（2）水温变化

水面对太阳辐射的反射率小于陆面的反射率，这使得水面热量平衡辐射值增大，从而造成水库蓄水后的坝前水温比天然河道水温高。

（3）水温改变造成的不利影响

①对水库下游的鱼类繁殖会产生不利影响。

②会影响下游农作物的生长，从而减少下游农作物的产量。

③与水域中的温度变化密切相关的是气候影响。例如，反常的大雾、升高的湿度和小气候的变化都曾在河流改道和建坝蓄水中出现过。在具有明显冬季的温带和亚寒带，这个问题很典型。例如，在挪威，许多水电项目曾经出现过温暖的河水在冬季引起大雾、破坏冰层的情况。在热带地区，气候影响并不明显；相反，在干旱地区，湿度升高被看成正面的现象。

3. 水质的影响

①污染物和污染源。人类活动中的工业、农业、交通运输和生活都会产生污染物和污染源，而水体污染与这些污染物和污染源有着密切的关系。

②水质指标和标准。水利水电工程中的水质，还会受河道中物理、化学等水质指标和水体、排放标准的影响。

③水体的自净。水体具有天生的净化污染物的自净功能，水体通过物理、化学和生物的作用降低污染物的浓度、减少污染物的总量。

④水体溶解氧。水体受水温、压力的影响，具有溶解氧气的能力，从而影响工程中河道的水质。

⑤生化需氧量。对于有机物对水体的潜在污染，可以通过生化需氧量来测定，从而反映水质的受污染程度。

⑥水体耗氧和复氧。水体通过有机物和废水消耗氧气，而同时水体也具有复氧的功能，水质受库区土壤、植被影响，有机质含量多且在腐烂氧化过程中使水质恶化，数年后形成稳定的水库生态系统和水质状况。

⑦建库后对水质产生的有利影响：降低水质的浊度和色度；降低水体硬度；有利于水库中水体的净化。

⑧对水质产生的不利影响：会降低水体的自净能力和溶解氧，会对库区的鱼类养殖造成影响；会加速库区的渠道老化；河流中大量繁殖的藻类和水草会堵塞库区的设施，阻碍航行；引起下游水质变脏从而危害水生生物和居民的生活饮用水；无法控制农田排放废水形成的面源污染；库区工业排污形成次生污染源。这些都能导致支流水质下降，从而影响水库的水质。

⑨水质模型。在库区建立水质模型，能够确定污染物进入水体后在随水流迁移过程中的制约因素，提前对水质提出预警，有利于库区水质的管理。

4.局部气候变化

水利水电工程中修建的水库，会对库区的河流生态系统中的局部气候产生一定的影响，主要体现在以下几个方面。

①降雨量。会增加库区范围的降雨量，改变降雨分布地区和时间。

②气温。库区的年平均气温会有升高。

③风。可以影响库区地面大气层中风速的变化。

④雾。库区由于气候的变化，水体蒸发量加大，增大了库区的相对湿度，这些都有利于雾的形成。

5.地质状况变化

在水利水电工程建设中，地质环境是重要的制约因素，而大型的水利水电工程也会对地质环境产生影响。

①水库诱发地震。诱发地震的水库具有一些明显的标志，如坝高大于100m、库容大于 10 亿 m³、深部存在重力梯度异常、库坝区有温泉等。

②大坝以上的泥沙淤积，使河床抬高，引发、加剧洪灾。

（二）对陆生生态环境的影响

植被是生态环境中最重要、最敏感的自然要素，对生态系统变化及稳定起决定性作用。植被又是陆生动物赖以生存的环境，保护陆生动物首先要保护植被的完整性。水利水电工程在施工期和运行期对陆生生物的影响是有差异的。

1.工程施工期对陆生生物的影响

在水利水电工程规划和生产建设中，施工占地包括林地、草丛和农田，有的占地是临时性的，暂时破坏的植被在工程结束后可以恢复或重建；而有的工程占地却是具有毁灭性破坏的永久性占地。因此在工程的调查研究、规划建设中，要注意对陆生生物的保护。

①施工期大量毁林开挖，毁坏了陆生动物的栖息地。

②施工产生的工程废水、生活污水、弃渣等改变了河道水流的浑浊度和理化性质，恶化了河道岸边爬行类动物的生存环境。

③施工产生的废气、噪声等也驱赶了长期生存在施工区域的地面动物及鸟类。它们不得不进行长途迁徙，这导致其中一部分动物直接死亡。

2.工程运行期对陆生生物的影响

水利水电工程一般都选择在地形复杂的山区，水利水电工程在建设期和运行期会对山区生物的多样性造成一定的影响。

①植物生境丧失，减少植物种群甚至会使珍稀植物种类灭绝。

②改变植物群居结构，阻碍群居物种的散布和移居。

③迫使民众移居新的地区，开发新的耕地，这样又毁坏了新的植被林地。

④既使水禽的数量和种类增加，又使湿地内昆虫的数量和种类增加。

（三）对社会环境的影响

1. 水库淹没造成的影响

这是水利水电工程对生态环境的一个重要影响，主要包括：①淹没库区内的土地、房屋、交通路线以及文物古迹等；②使耕地盐碱化，也有可能会出现沼泽；③危及库区周围的耕地；④有的水库位于高原地区或山地，人烟稀少，经济不发达，虽是修建高坝大库，但是淹没损失可能不大；⑤有的水库位于丘陵地区，人烟稠密，城镇密集，即使水库淹没范围不大，但是沿岸高水位持续时间较长，建库后水位差较大，渗径较长，浸没等环境问题可能成为影响水库正常运行的关键因素。

2. 移民安置

移民安置是一项十分复杂的社会、经济问题，涉及社会、经济环境的各个方面，包括城镇淹没、开垦荒地、资源利用、工业发展等，将会对环境产生不利的影响。

①建设新城镇时，应严格按照国家颁布的相关法规和标准进行。

②利用水库消落区土地作季节性垦殖利用时，应考虑库岸稳定，严格控制农药和化肥的施用量，不得造成库区水质污染。

③利用库区发展养殖、航运、旅游、水上运动等事业，均不得造成水质污染。

④开发利用自然资源发展乡镇企业时，要注意对资源和再生产能力的保护，并应提出利用土地、森林资源的限制条件。

目前来自非自愿移民的迁移和重新安置问题已成为水利水电工程必须要考虑的头等大事，同时，这种人口迁移和重新安置也总是被人们看成水利水电工程的有害影响。正是基于这一点，社会学家和人类学家才全面进入环境领域，社会对水利水电工程的反对在一定程度上起到了延缓或阻止工程实施的作用。在历史上，来自水利水电工程规划中的社会不公平影响了水电的开发和使用，给予受影响的人们申诉的权利，同时进行适当的规划，是避免这种不公平和批评的关键。这种规划甚至可能将非自愿移民变成期待的和自愿的移民。

但是，应该认识到，农村人口目前所处的地位和经济福利并不一定是最好水平，他们的土地使用和资源管理有时可以通过可持续发展的方式来进行。众所周知，有许多耕作者以一种非持续发展（经常出现严重的水土流失）的方式进行土地和水资源管理，这将对他们自己的未来生存造成威胁。当在这种地区开发水电时，工程建设将改变土地利用方式，进而影响其可持续发展方式。因此，工程将给受影响人口带来的是收益，而不是想象中的损失。为了平衡，应该认识到，人口的重新安置可以给一些人带来更好的生活机会，同时也将改善长期的资源管理状况。

大坝和水库建设是人口迁移的最常见原因。迁移和重新安置规模的扩大，增加了问题的复杂性。但是，真正的核心问题是因水利水电工程而进行移民安置所带来的社会文化和经济后果。

二、水利水电工程施工对水环境的影响

水利水电工程对水环境的影响主要是对水源的污染，污染源如图 5-1 所示。

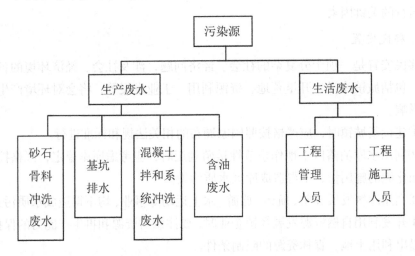

图 5-1 废水排放污染源

（一）废水排放污染水源

1. 砂石骨料冲洗废水

根据施工组织设计及施工布置，确定砂石料加工系统、生产规模、生产用水等，推算废水排放量及排放强度。根据水质模型计算结果，可以分析砂石料加工系统废水对排放水体的水质影响程度和范围。

2. 基坑排水

水利水电工程实施过程中，由于降水、渗水和施工用水，工程的基坑内会产生积水，根据其他工程实地监测结果进行类比，确定经常性基坑排水排污量、排放时间，分析对下游河段水质产生的影响。

3. 混凝土拌和系统冲洗废水

施工过程中混凝土拌和系统冲洗会产生较小的水量，空气中的悬浮物浓度较高，这样产生的废水会集中排放。要预测和分析这种废水排放对工程附近的山区或库区水域的影响程度。

4. 含油废水

工程施工机械和车辆维修冲洗的含油废水排放会污染农田和河流水质。根据施工布置设计确定机械和车辆维修保养场地，统计工程施工机械和车辆种类、数量、燃油动力等基本情况，推算含油废水排放量。

5. 生活污水

根据施工总体布置、施工生活区布置、施工占地和施工人数等基本资料，结合当地用水和施工人员工作、生活特点，推算施工人员生活用水标准，考虑生活污水污染物种类和排放水域水质污染状况，用水质模型进行预测计算。

（二）护岸工程对水生生态环境的影响

在水利水电工程施工过程中必然会有护岸工程，它也会对工程区域的水生生态环境产生一定的影响。

①直接影响沿岸的水生生物，危害水生生物卵、幼苗等。

②库岸爆破会产生对水生生物有致命作用的冲击波。

③工程在小范围内会引起沿岸河道水体浑浊，影响水生植物的光合作用，也会使水体溶解氧量下降。

④破坏了沿岸的生态系统和河流景观，不利于沿岸空气的净化。

三、水利水电工程施工对大气环境的影响

水利水电工程还会对工程区域的大气环境产生一定的影响，大气环境污染源如图 5-2 所示。

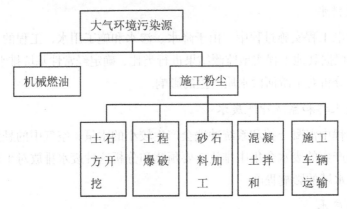

图 5-2　大气环境污染源

（一）机械燃油污染物

施工机械燃油废气具有流动和分散排放的特点。可以根据类比工程实测数据或查阅相关机械尾气污染物排放手册，确定施工机械燃油废气种类及排放量。

机械燃油污染物排放具有流动、分散、总排放量不大的特点。由于施工场地开阔、污染物扩散能力强，加之水利水电工程施工工地人口密度较小，施工机械燃油污染物排放一般不至于对环境空气质量造成明显的影响。

（二）施工粉尘

水利水电工程施工土石方开挖量一般较大，短期内产尘量较大，局部区域空气含尘量大，对现场施工人员身心健康将产生影响。

施工爆破一般是间歇性排放污染物，对环境空气造成的污染有限。

砂石料加工和混凝土拌和过程中产生的粉尘，可以根据类比工程现场实测数据，推算粉尘排放浓度和总量。

根据施工区地形、地貌、空气污染物扩散条件、环境空气达标情况，预测施工期空气污染物扩散方式及影响范围。

施工运输车辆卸载砂石土料产生的粉尘可以根据类比工程实测数据分析，推算土方开挖与填筑施工现场空气中粉尘的浓度及影响范围；车辆尾气污染成分主要有二氧化硫（SO_2）、一氧化碳（CO）、二氧化氮（NO_2）和烃类等。

四、水利水电工程施工对声环境的影响

水利水电工程施工产生的噪声如图 5-3 所示。

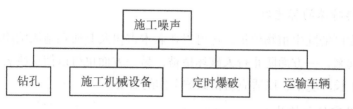

图 5-3 施工噪声

根据施工组织设计，按最不利情况考虑，选取施工噪声声源强、持续时间长的多个主要施工机械噪声源为多点混合声源，同时运行，待声能叠加后，得出在无任何自然声障的不利情况下每个施工区域施工机械声能叠加值，分别预测施工噪声对声环境敏感点的影响程度和范围。

第二节 水利水电工程环境保护的措施

一、自然环境保护措施

（一）陆生植物保护

库区陆生植物保护的目的是服务于工程地区的生态环境建设和社会经济发展，保护生物物种多样性。保护的重点是库区的地带性植被、原生于库区并被列为国家重点保护的珍稀濒危物种、库区特有物种及名木古树。

对陆生植物的保护，选用的措施主要有如下几种。

1. 建立自然保护区和保护点

对重要陆生植物物种原产地、地带性植被和珍稀特有植物规划建立自然保护区和保护点，其选择原则如下。

①典型性：在具有代表性的植被类型中，重点保护的是原生地带性植物。

②多样性：利用工程所在地区不同的小气候、地形等组合类型，建立类型多样的自然保护区。

③稀有性：以稀有种、特有群落、独特生境，特别是所谓的植物避难所作为重点保护对象。

④自然性：选择植被或土地条件受人为干扰尽可能少的区域。

⑤脆弱性：脆弱的生态系统具有很高的保护价值，要求特殊的保护管理。

⑥科研或经济价值：保护对象要有一定的科学研究价值或特殊的经济价值。

2. 围起特殊的标志物

对于库区的陆生植物保护，还可以在名木古树及其所在地周围用特殊的标志物包围起来，一方面防止行人破坏植被，另一方面也可以使这些名木古树处于良好的生长环境中，以适应植物保护工作的需要。

3. 加强宣传和执法

运用多种宣传方式，加强对保护名木古树的教育工作，培养库区人民热爱自然、保护自然的风尚。加强执法，使名木古树资源处于法律保护之内。

（二）陆生动物保护

水利水电工程建设也会对陆生动物的栖息地产生直接或间接影响，破坏陆生动物的栖息环境，影响低海拔草灌、农田中的动物群落。为了加强陆生动物的保护，可以采取以下措施。

①保护现有自然植被。加强植树造林，提高森林覆盖率，制止库区陆生脊椎动物群落从森林群落向草灌、农田群落的逆向演替，从而维持森林群落发展。

②宣传贯彻《中华人民共和国森林法》和《中华人民共和国陆生野生动物保护实施条例》，一般地区执行部分禁猎，在安置区附近，尤其是涉及野生动物迁移路线的区域，实行强制禁猎管理，禁止收购国家保护的野生动物毛皮。

③建立自然保护区，结合地形、地貌、植被及水源条件，开辟人工放养场地，使某些珍稀动物得到保护。

（三）鱼类保护

为减轻水利水电工程对鱼类的不利影响，采取的措施主要如下。

①工程在规划阶段需在库尾上游合适的江段建设珍稀特有鱼类保护区，以保护受影响的上游特有鱼类。

②在坝段建筑过鱼工程，如鱼梯、鱼闸、升鱼机等。

③在坝下江段规划保护区，主要保护珍稀鱼类的产卵场，同时拟开展"水库调度对鱼类繁殖条件保障"的研究。

④适当调整水库调度方案，以保障鱼类产卵条件。

⑤兴建水利水电工程影响洄游性鱼类通道时，应根据生物资源特点、生物学特性及具体水环境条件，选择合适的过鱼设施或其他补救措施。

⑥在工程影响河段中不能依靠自然繁殖保持种群数量的鱼类或其他水生生物，可以建立增殖基地和养护场，实行人工放流措施。

⑦因兴建工程改变河流水文条件而影响鱼类产卵孵化繁殖时，可以采取工

程运行控制措施。例如，在四大家鱼繁殖季节进行水库优化调度，使坝下江段产生显著涨水过程，刺激产卵；但在繁殖盛产期，应避免水位变幅过大、过频，以保证鱼类正常孵化；当工程泄放低温水影响鱼类产卵和育肥时，在保证满足工程主要开发目标的前提下，应提出改善泄水水温的优化调度方案和设置分层取水装置。

⑧因泄水使坝下水中气体过饱和，严重影响鱼苗和幼鱼生存时，应提出改变泄流方式以消除多余动能的消能形式。

⑨对受工程影响的珍稀水生动物，应选定有较大群体栖息的水域，划定保护栖息地或自然保护区，实行重点保护。

（四）地质环境保护

对库区地质环境的保护措施如下。

①加强对断裂带和地震的动态监测，提出测点布置方案；②在库区不得设置重要的建筑；③不能在库区建设旅游项目和旅游设施；④进行变形观测和涌浪计算，制订居民和重要设施迁移方案，以及库岸的防护工程措施。

（五）土壤环境保护

水利水电工程的兴建也会对库区的土壤环境产生不利影响，产生沼泽化土地。对于土壤的保护措施：可以采取截水、排水措施改善土壤状况；应对岸边地势低平地区修建截渗、排水等工程；采取改变耕作制度的措施。例如，官厅水库采取上述方法治理了几千亩沼泽化土地。土壤盐渍化的治理方法则采取水利和农业土壤改良措施，包括洗碱排水系统、合理耕作、间套轮作、施有机肥料和石膏、合理灌溉、选种耐盐作物、种植绿肥等。

为了保护工程影响地区的土壤资源和土壤生产力，必须采取环境保护措施。根据受影响地区的影响性质和程度，提出相应的防治标准和保护措施方案，包括合理利用土地资源方案、水土保持规划以及工程措施、生物措施、耕作措施等综合性防治措施。

（六）下游河段调节措施

水库上游蓄水运用后，在某些时间和季节里，下游河道用水得不到满足。进行补偿性放水，是针对受大坝影响的下游河道的调节措施，也是各相关部门的普遍要求。即使小的补偿水流也可能使常驻鱼类存活和生长下去。下游水用户也可以通过非常及时的放水补偿来得到满足。预测补偿放水对于水流产生的水力和水文特性，从而提供鱼类偏爱的速度、深度、底层状况等，是一件困难的事情。这种预测要求进行彻底的环境调查，并进行相关的水力学和水文学研究。

（七）改善水库泥沙淤积的措施

在多泥沙河流上修建水库，给上、下游带来复杂的生态影响，可以采取以下改善措施。

①加强流域中、上游的水土保持工作，从根本上控制水土流失；

②采取引洪淤灌、打坝淤地等工程措施，拦截入库泥沙并且起到肥田的效果；

③掌握水库及河道的冲淤规律，合理调度水库，既调水又调沙，发挥综合利用效益。例如，可以调整入库泥沙和排沙的时间比例，在汛期挟沙力增强时适当降低库区水位向下游排沙，但要注意防止清水冲刷下游河道引起河床剧烈变化。另外，要注意低水位运行时，粗沙淤积至坝前将会影响引水和发电等。

（八）改善水库水质的措施

库区蓄水会因为流速减缓和水体交换滞后，降低河流水质自净化能力。改善水库水质的措施包括：①加强水源保护，防止水体污染，对于污染严重者应令其停产、搬迁；②加强库区管理，禁止向库内排污、倾倒垃圾等；③对成层型水库应合理调度，向水库深层增氧，加速沉积物的氧化和分解，改善水质以促进鱼类繁殖；④加强水库水质的预测、预报工作。

二、社会环境保护措施

（一）保护人群健康

因水利水电工程导致生物性和非生物性病媒体的分布、密度变化，影响人群健康时，应采取必要的环境保护措施。

①对于水传染病防治，应采取水源管理保护措施；

②对于虫媒传染病防治，应通过灭蚊、防蚊等措施，切断感染途径；

③对于地方病防治，应加强实时监控，控制发病率；

④对于自然疫源性疾病防治，应通过控制病原体、媒介和宿主，避免人体感染；

⑤对于影响地区的疫源，如厕所、粪坑、畜粪、垃圾堆、坟墓等，应进行卫生清理。

（二）文物古迹的保护

处于水利水电工程建设影响范围内的风景名胜及文物古迹，应区别情况进行保护。在工程施工前，需拨出专门经费，加强文物古迹调查、考古勘探，进行古文化遗址的发掘工作。

①对位于水库周围及工程建筑物附近的风景名胜，应配合相关管理部门做好风景名胜的规划工作，使工程建设与之相协调。

②对位于水库淹没及工程占地范围内的风景名胜及有保存价值的文物古迹应视其与工程运行水位的关系，分别采取措施。

③对位于水库淹没及工程占地范围内的文物古迹，经过调查鉴定，有保存价值的采取报迁、发掘、防护或复制等措施。

（三）移民安置

一个完善合适的移民安置规划不仅包括制定征用土地和支付赔偿的法律程序，而且还包括落实移民安置的相关政策，相关政策包括的内容有如下几种。

①制定一个政策框架，在受影响群体离开他们的土地而重新安置时，对他们的权利和条件进行定义。

②进行适当的社会调查，其中包括风险分析和完善的从搬迁到重建的跟踪。

③进行经济和财务分析，为工程规划者提供及时的信息，帮助他们使安置问题内部化，并且以此为焦点，对工程进行优化。

④在地方一级要拥有人民群众参与的强有力的组织结构。

⑤社会监督要贯穿工程实施的全过程，并深入运行阶段。

相关经验表明，必须使这些基本政策问题得到重视并纳入移民安置规划中，否则，迁移也许意味着贫穷。贫穷的原因可能是失去土地、无家可归、健康状况差、食物不安全、失去取得公共财产的途径、社会干扰等。但是，根据相关社会指标，在目前生活条件较差的情况下，对水利水电工程的这些移民政策进行深入的经济分析，能够使移民安置问题从成本栏转入收益栏。

三、工程施工区环境保护措施

（一）水环境污染防治

水利水电工程施工期间无论是施工废水，还是生活污水，都是暂时性的，随着工程建设的完成其污染源也将逐渐消失。针对施工造成的水环境污染，可以采用如下处理方法：①施工营地的生活污水采用化粪池处理；②施工生产的废水设小型蒸发池收集；③施工结束后将这些污水池清理掩埋。

（二）空气污染防治

空气污染来源于工程施工开挖产生的粉尘与扬尘、水泥粉煤灰运输途中的泄漏、生产混凝土产生的扬尘、制砂产生的粉尘、燃煤烟尘、各种燃油机械设备在运行过程中产生的污染物。

空气污染的防治措施有如下几种。

①增加烟囱高度，调整生产与生活区之间的卫生防护距离，在拌和楼里生产混凝土并安装防尘设备；

②干法制砂，采用新的汽车能源，采用新燃料或对现有燃料进行改进；

③在发动机外安装废气净化装置；

④控制油料蒸发排放；

⑤加强施工作业船舶、车辆的清洗、维修和保养；

⑥在运输多尘物料时，应对物料适当加湿或用帆布覆盖，运送散装水泥的储罐车辆应保持良好的密封状态，运送袋装水泥必须覆盖封闭；

⑦在施工场地临时道路行驶的车辆应减速；

⑧对于车流量大，靠近生活区、办公区的临时道路，应进行洒水作业；

⑨对于坝基开挖、导流洞施工，应采用湿式除尘法；

⑩在人口较密集区域的施工场地无雨天时，应采取人工洒水降尘等。

（三）噪声污染防治

库区挖掘机、推土机、装载机以及大量的钻孔、振捣、焊接、爆破等是主要的噪声源，噪声污染的防治措施包括：①选择适当的爆破方法，实现爆破信息化施工；②采用噪声低、振动小的施工方法及机械；③限制冲击式作业，缩短振动时间；④对各种车辆和机械进行强制性的定期保养维护；⑤通过动力机械设计降低汽车及机械设备的动力噪声；⑥通过改善轮胎的样式降低轮胎与路面的接触噪声；⑦禁鸣喇叭。

（四）地貌保护措施

水利水电工程施工对地貌环境影响较大的有施工迹地和弃渣场两处。对工程施工的迹地，应提出景观恢复和绿化措施。施工开挖的土石方，除用于工程填筑外，所余弃渣的堆放，必须要有详细的规划，不得对景观、江河行洪、水库淤积及坝下游水位抬升等造成不良影响。对土石方开挖坡面，应视地质、土壤条件，决定采取工程及生物保护措施，防止边坡滑坍和水土流失，并促使景观恢复或改善。

四、水土流失预防

对工程区域的水土流失进行预防，其任务远远大于治理，收到的成效也会大于治理。随着中国经济建设和各项生产活动的快速发展，新的人为水土流失地区不断产生。全国每年因人为活动制造的水土流失面积也在不断增加，边治理边破坏的现象较为普遍，严重制约着中国水土流失防治的进程和成效。水土流失预防的主要内容如下：要从思想、法制、组织和措施方面真正落实，要从思想上把水土保持工作放在首位，加强人们的保持水土意识；国家和地方政府要建立健全水土保持的法律、法规；设立专门的水土保持专门机构；建立和完善严格的监督和监测体系。

五、水土流失治理

水利水电工程建设改变了地表形态、地壳组成物质，破坏了地表植被而降低了原有的水土保持，加重了库区的水土流失。因此要从根本上改善库区河道的水文环境，加强对水土流失的治理，实现工程库区的可持续发展。

要保持工区的水土工程，就要明确水土流失防治的项目建设范围，项目建设区包括护岸工程区（包括护坡工程区和护脚工程区）、施工企业及管理区、施工道路、弃渣场等，直接影响区包括临时码头、道路影响区及其他影响区。

（一）道路水土保持措施

对于水利水电工程中的道路建设产生的水土流失，要通过路基路面排水、路基防护、道路绿化工程等道路水土保持的措施来治理。

水利水电工程道路防护林包含水利水电工程建设所涉及的公路防护林和乡村道路防护林。

在公路、乡村道路等道路两侧营造人工林带，其目的是防止道路及周围的水土流失，巩固路基，保护路面，维护交通环境，延长道路使用期限，美化道路景色，减少司机驾驶疲劳，提升行车安全。道路防护林由一行到多行树木组成，配置形式多样，结构各异。

公路防护林配置的最简单形式是在道路两侧各栽植一行至两行乔木或灌木，较复杂的配置是乔灌混交、针阔混交的多行树木组成的林带。在重要的大型公路、高速公路两侧一般都设置有较宽的绿化带，与路边的防护林带一起形成道路防护林。在分上、下行车道的公路上，在分车带一般用灌木、攀缘植物或草皮进行绿化；在小型公路上，一般只设置单行防护林带；在填方的路基坡面上，一般栽植比较密集的灌木或草皮进行护坡；在交叉路口、急弯处可以用花草、低矮灌木代替。

在乡镇道路和田间道路上，由于路面比较窄，一般将树木栽植在路肩下的沟（堑）坡上或沟外侧的地埂上，一般栽植一行至两行树木。

（二）施工企业及管理区水土保持

施工企业及管理区由于施工人员活动频繁、机械进出较多，基本丧失了耕作性能。因此根据全面防护的要求，在施工前，应将原有的地表有肥力的土壤推至一旁堆放，施工完毕后，再将这些熟土推至施工区和施工生活区以便恢复原有表层，以利于今后耕作，并同时结合堤防防浪林建设进行植被恢复。

（三）直接影响区水土保持

直接影响区主要是指局部工程影响地段，包括施工临时道路两侧一定范围及施工区周围影响区域。其中施工临时道路两侧主要考虑施工运输过程中弃渣的散落；在弃渣场外围未征用的范围内运输过程中也难免有散落现象发生，对这些重点影响地段要做好施工期间的环境保护和水土保持管理，做到文明施工。

（四）库区滑坡防治

1. 库区滑坡分类

水库水位变化有可能导致库岸周边土体失稳、坍塌，使土石体堆积在库区。库区滑坡按运动方式分为五种类型。

①崩塌——以张性破坏为主，陡坡上部岩（土）体沿着一个基本无剪切位移的面脱离而向下坠落；

②倾倒——岩（土）体围绕其重心下的某一点或轴发生向斜坡外的转动；

③滑动——以剪切破坏为主，岩（土）体沿剪切破坏面或强烈剪切应变带发生向坡下的运动；

④扩离——刚性相对较大的上部岩（土）体破裂为块体并陷入下部软弱岩（土）体而产生的侧向扩展（"漂移"）；

⑤流动——由下部软弱岩（土）体液化或塑性流动（挤出）所引起。

另外一种常用的分类由苏联巴甫洛夫提出，他将库区滑坡的滑动方式分为推落式和牵引式两类。前者是上部岩（土）体首先滑动从而推动下部滑动；后者是下部岩（土）体滑动引起上部相继滑动。国际工程地质协会将这两种滑动方式定义为破坏面的延展方式，并提出用前伸式和后延式来取代上述术语。

中国的工程地质工作者根据自身的实践，从简单、明确、实用的角度出发，提出了许多滑坡分类方法。在水利水电工程勘察工作中，最常见的滑坡分类如表5-2所示。

表 5-2　最常见的滑坡分类

分类因素	类型
组成物质	基岩滑坡
	堆积层滑坡
	混合型滑坡
规模	小型滑坡
	中型滑坡
	大型滑坡
	特大型滑坡
滑移速度	高速滑坡
	中速滑坡
	慢速滑坡
形成时代	新滑坡
	老滑坡
	古滑坡
破坏方式	牵引式
	推移式
稳定型	稳定
	基本稳定
	稳定性较差

2.库区滑坡的危害

对于水利水电工程建设，滑坡的危害也很大。意大利瓦伊昂滑坡不仅使水库毁于一旦，而且由滑坡激起的涌浪翻过坝顶使下游约 2000 人丧生；我国柘溪水库的塘岩光滑坡也产生过重大灾害；龙羊峡水库近坝地段也有过大型滑坡，我国多年来依靠采取限制水库蓄水位的措施来加以防范，并进行系统研究和监测；漫湾、铜街子等大坝也都曾投入巨大工程量来对坝肩滑坡进行治理。

3.库区滑坡治理措施

（1）排水工程

①地表水排水工程。在该工程中，可以采用夯实和铺盖阻水的方法来防止雨水等的渗透，也可以设置明沟或渗沟等排水沟来排解地表水。

②地下水排水工程。地下水是产生滑坡的主要原因之一，地下水位与滑坡

的移动量之间具有高度的相关性，该特性也在许多实践中被证实。

a. 暗渠工程。在地下水浅层分布的情况下，作为排水工程，暗渠工程由于施工简单方便，工费低廉，最为适用。

b. 凿孔排水工程。在地下水广泛分布的情况下，或者在需要排除承压地下水的情况下，应采用凿孔排水工程。

一般地，在排除浅层地下水的时候，把穿孔角度向上倾斜 100 ~ 150℃，口径为 66 ~ 100mm；在排除承压地下水的时候，把穿孔角度向上倾斜 100℃左右。

穿孔后，为了保护孔口，插入硬质氯化乙烯树脂管或瓦斯管。在滞水层的地方使用带滤网的管子，为防御孔口附近由于保护管中漏水而崩溃，有使用蛇笼或混凝土墙壁保护孔口的必要。在坚固的岩石地区，不必插入保护管。

c. 隧洞排水工程。应在滑坡面以及附近已经查清有大量地下水存在的情况下，实施这种工程方法。但是，这种工程方法伴有相当大的危险，所以对于活动的土块应尽量避免掘削，要在稳定的基盘处使之作为底面，另外希望把洞口设在滑坡地区以外的稳定场所。

隧洞的大小应小于能在洞内进行作业的尺度，尽可能采取小规模的，一般以普通隧洞的导坑洞大小（高 1.5 ~ 2 m，底宽 1.3 ~ 1.8 m）为宜。支撑材料可使用木材、波纹管、金属衬圈等。

当隧洞内涌水不充分时，在隧洞内进行横向凿孔以便集水，或者由地表向隧洞内纵向多处凿孔，使浅层地下水落于隧洞内。集水后，由隧洞底部设置的排水管或排水路向洞外排水。

d. 集水井工程，集水井通常使用钢筋混凝土井筒，掘井至滑坡下方，在井的中间位置凿出横孔，使地下水集结在井中，用抽水机向地表面排水，或在井底设置排水孔使其自然排水。

在使用集水井工程方法时，由于要修建大规模的建筑物，如果不是地基良好的地方不能施行。为了在集水井内部设置排水孔，井孔直径需要在 3.5 m 以上，深度原则上应掘到滑坡的下方，有时为 15 ~ 30 m。

e. 地下水截断工程。地下水截断工程是为了防御滑坡地域以外的地下水流入滑坡地域内而进行的工程。地下截水工程可起到滞水作用，但有时能诱发滑坡，因此必须进行充分的调查和周密的设计。

（2）打桩工程

打桩工程是将桩柱穿过滑坡体并固定在滑床上的工程。因其涉及的土方量小，又省工省料，施工方便，所以应用十分广泛。

（3）防沙坝工程

在溪岸、山脚与山腹发生的滑坡，在滑坡地的临近下游筑坝阻滑，抑制泥沙在滑坡末端的崩溃或流动，防沙坝工程是库区滑坡治理的有效工程方法之一。但坝的位置，原则上应能设在不受滑坡影响的稳定场所，不得不建筑在滑坡地内时，应采用框坝或钢制自由框等。

根据坝的平面形状，防沙坝有直线坝、拱坝、混合坝之分。按建筑材料划分，防沙坝可分为混凝土坝、卵石混凝土坝、堆石坝、混凝土框坝、钢坝、木坝、石笼坝等。

（4）挡土墙工程

可以通过重力式、空心挡墙、分级支挡和钢筋混凝土等方式来进行挡土墙工程的修建，在滑坡地区，地基的变动巨大，并且涌水也多，所以一般使用即使稍有变形也保持良好排水机能的框架工程。框架工程，使用木材、混凝土、角材等制作框架，在其中装入粗石。

（5）滑动带加固工程

采用机械的或物理化学的方法，提高滑动带强度，防止软弱夹层进一步恶化，其中包括普通灌浆法、化学灌浆法、石灰加固法和焙烧法等。

（五）库区水土保持

1. 库区水土保持的主要措施

①营建水源保护林体系。在对水源保护区生态经济分区、水源保护林分类和水源保护林环境容量进行分析的基础上，配置高效稳定的水源保护林体系。

②采用高耕作、免耕法等农业技术措施保护水质。此外，建立植物过滤带来吸收、净化地表径流中的氮、磷及有机农药污染，可以起到良好的水质净化作用。植物过滤带带宽一般为 8 ~ 15 m，植物种类随不同地理气候区和当地条件而异。

③库区水土保持还要对坡面、沟道进行治理，也要防护库岸工程。

2. 植被措施

对于水利水电工程中的植被，也要有相应的防护措施。对于库区库岸的防护林应制定相关的保护措施，既可以配置防浪林、防风林和防蚀林，种植耐水湿、根系发达、枝条柔软、枝叶茂密的树种，也可以选择水生植物、耐旱灌木种植。这些种植植被的措施，可以大大保持库区的水土，美化库区环境，还能降低库区的水分蒸发，降低浪高与风浪对林区的冲击力。

3. 护岸工程措施

护岸工程可以采取修建基脚和枯水平台、埋设倒滤沟、开挖浆砌片石排水沟和浆砌石截流沟等措施，同时也可以采取挡土墙、砌石、抛石、混凝土、喷浆、格状框条等护坡工程措施。在实际施工中，一般采用综合护坡工程，以期达到最佳效果。护岸工程不仅要满足防护要求，也要满足植被恢复和重建需要，以实现工程护坡与植被护坡的有效结合。

六、环境保护实施的保证措施

水利水电工程环境保护各项措施的落实，还需要相关的单位和政府部门采取必要的组织和管理措施，这样才能保证环境保护措施能够在监督下顺利实施，从而促进工程库区及周边生态环境的良性、可持续发展。

（一）组织领导与管理措施

这就要求水利水电工程的项目业主、施工单位及参与施工的人员都要有环境保护的意识，按照环境保护的相关法律、法规科学合理地设计、施工，切实做好库区环境保护管理工作，同时也能激发项目周边的人民群众热情地参与到项目建设和环境保护建设中来，从而保证环境保护措施的实施质量。

（二）技术、资金保障措施

水利水电工程需要有环境保护方案作为工程实施的依据，还要有控制环境破坏及后果处理的条款文件，可采用招投标的方式选择技术力量强的施工单位。为使工程采用先进、科学、合理的施工工序，还要有相关技术人员进行技术监督和指导。在技术保障措施的基础上，还要有对工程项目投资建设资金的保障措施，确保各项环境保护措施保质保量按时完成。

（三）实施环境保护措施监理

在水利水电工程项目建设中，还要实行环境监理，对工程环境保护的进度、质量和投资进行控制，对环境保护措施的实施进行全过程的监督与管理。环境监理的职责和任务主要包括：①监督工程承包商承担的环境保护工作；②定期向建设单位提交环境保护工作执行情况的报告；③协助相关部门处理相关工程污染事故、生态破坏及各种纠纷和投诉。

第六章 水利水电环境影响评价

随着社会经济的持续、快速发展，人们越来越重视水利水电工程建设项目，其重要性日益凸显。当前，建设水利水电工程，不可避免地会在一定程度上影响周围的环境。因此，非常有必要开展环境影响评价工作，这能够在一定程度上提高水利水电工程建设的有效性。本章分为环境影响评价的意义、环境影响评价的程序和内容两部分，主要内容包括水利水电环境影响评价的意义、环境影响评价制度在环境管理中的作用、环境影响评价的程序和方法、环境影响评价制度的特征、水环境影响预测与评价的内容。

第一节 环境影响评价的意义

一、水利水电环境影响评价的意义

在我国，水资源开发建设工程于 1950 年左右才开始逐渐在全国遍布开来。在一部分水利水电工程建设中，由于受社会环境和科学技术的限制，人们并没有对环境影响给予一定的重视，所以，随着社会经济的迅猛发展，这部分水利水电工程逐渐暴露出一些对环境不利的影响，人们通常会在污染或破坏了环境之后才去想补救措施。从过去的实践经验和教训中，人们开始逐渐意识到，开发建设水利水电工程会在很大程度上影响周围的环境，对于一些不利影响而言，一旦在发生不利影响之后便不能挽救，所以必须要做到"防患于未然"。正是为了更好地对这一需要加以适应，水利水电工程环境影响评价应运而生，并对水利水电工程的开发建设起到至关重要的作用。

通常来讲，水利水电工程环境影响评价是用于水资源开发建设项目环境管理的一种战略防御手段。其任务在于从环境保护的角度出发，更好地评审和把关拟建工程，并对工程规划建设的可行性、合理性及环境对策进行评估。在规划阶段，它是项目决策的重要依据，在开发建设水利水电工程时，它能够在一定程度上指导项目的环境管理。从狭义方面来看，环境影响评价就是在开发建设水利水电工程之前，预测和分析在建设项目可行性研究阶段可能会对其选址、设计、施工、运行带来什么样的环境影响，并制定防治不利影响的相关措施，从而能够确保周边生态环境可以与水利水电工程协调发展；从广义方面来看，环境影响评价一方面要评价开发建设水利水电工程对自然环境的影响，另一方面也要对环境影响评价会对社会环境、社会经济造成何种影响加以研究。

二、环境影响评价制度在环境管理中的作用

（一）实现生产合理布局的重要手段

国内外的相关实践表明，造成环境污染的一个重要原因在于生产布局的不合理。例如，如果在居民区常年主导风向的上风向建设一个排放大量大气污染物的工厂，那么即便该工厂采用了严格的大气污染防治措施，居民区的居民仍然受害。工厂虽然花费了大量治理费用，但是收到的环境效益不大。利用环境影响评价就能够对这种布局进行有效避免，并能够有效阻止污染源的产生，从而能够更好地改变之前那种"先污染、后治理"的环境保护格局。

（二）为城市发展规划提供依据

一般来讲，一个城市或地区的环境质量是由环境容量和环境自净能力决定的。通过环境影响评价，一方面能够更好地研究对环境的有利和不利条件，另一方面还能够更好地研究环境容量和环境的自净能力。此外，出于对环境保护的充分考虑，还应对城市的发展方向、合理布局等进行相应的调整。通过环境影响评价和城市规划，以及这两方面研究成果的相互反馈，必然能够制定出一套合适的城市规划。

（三）有助于优化环境工程治理方案

一般来讲，在建设水利水电工程的可行性研究报告中，研究人员会提供对污染进行有效治理的方案。对于环境影响评价来说，其研究的是其污染治理方案是否具有可行性，并要在众多可供选择的方案中对最佳的方案进行选择。在水利水电环境影响评价中，充分利用自然净化能力再选择污染治理方案是一项基本原则。环境影响评价和环境工程学相结合必定会选出最优的环境工程治理方案。

（四）对建设项目实施环境管理的系统资料

建设项目环境保护措施的可行性分析要在环境影响报告书中提及。所以，在环境保护部门对"三同时"制度加以执行时，需要依据环境影响报告书，此外，在建设项目竣工验收时同样需要依据环境影响报告书。

第二节　环境影响评价的程序和内容

一、环境影响评价的程序

（一）环境影响评价的管理程序

1. 环境影响分类与筛选

对于建设单位来讲，在编写环境影响报告书或填制环境影响等级表时应该严格对以下规定进行遵守：①可能造成重大环境影响的，可能是敏感的、不可逆的、综合的，应填制环境影响报告书，并对其所带来的环境影响进行全面、系统的评价；②可能会引发轻度环境影响的，这些影响较小，利用一些规定控制或补救措施能够使对环境产生的不利影响得到有效减免的，应填制环境影响报告表，并对其所造成的环境影响进行充分分析；③几乎不对环境产生任何影响的，应该按照相关规定填报环境影响登记表。

2. 环境影响评价项目的监督管理

（1）评价大纲的审查

在开展水利水电环境影响评价工作前应系统性地对环境影响评价大纲进行编制，环境影响评价大纲不仅要从总体上对环境影响评价进行设计，还要送有关部门审批，必要时应补充环境影响评价工作实施方案。

（2）环境影响评价的质量管理

在编写环境影响评价大纲的同时，还要对环境影响评价工作质保大纲进行编写，并送往质量保证部门审查。在水利水电环境影响评价过程中，应该始终对环境影响评价工作的质量进行管理。

（3）环境影响评价报告书的审批

在审批环境影响评价报告书时，应该认真遵循以下几项原则：①经济、社会与环境效益相统一的原则；②技术政策和装备政策应该与国家规定相符的原则；③总量控制、全过程治污与综合整治相结合的原则。

（二）环境影响评价的工作程序

1. 评价工作概述

通常而言，可以从以下三个阶段出发来进行环境影响评价工作。

（1）前期准备和工作方案阶段

这一阶段主要需要完成工作内容：接受环境影响评价委托后，先对国家和地方有关环境保护的法律法规、政策等文件进行研究，并确定环境影响评价文件的类型；在对相关技术文件加以研究的基础上进行工程的初步分析；通过工程初步分析的结果和环境现状资料，能够在一定程度上识别建设项目的环境影响因素，并能够合理筛选出主要的环境影响评价因子，此外，还能够明确对环境保护的目标加以评价，最后能够更好地填制工作方案。

（2）分析论证和预测评价阶段

这一阶段的工作主要是深入分析工程，充分调查、监测环境现状，并积极开展环境质量现状评价工作，再根据污染源和环境现状资料对建设项目可能会产生的不利环境影响进行预测，并开展公众意见的调查。倘若建设项目需要对比选择多个厂址，则需要分别对各个厂址进行预测和评价，并从环境保护的角度出发来选择最优的厂址方案；倘若对原选厂址进行了否定，那么便需要重新对新的厂址进行环境影响评价。

（3）环境影响评价文件编制阶段

这一阶段的工作主要是对上一阶段获得的各种资料、数据进行汇总分析，根据我国环境保护相关法律法规和标准等对建设项目环境影响的要求，提出减少环境污染的有效措施，从环境保护的层面来确定项目建设的可行性，给出评价结论和提出能够使环境影响得到有效减缓的建议，并最终编制环境影响报告表或报告书。

2. 环境影响预测

（1）预测的原则

一般来讲，应该根据工程和环境的特性、评价工作的等级以及当地的环保要求来对范围、时段、内容和方法进行预测。与此同时，应尽可能地对预测范围内可能会对建设项目产生的不利环境影响加以考虑。

（2）预测的阶段和时段

一般来说，可以将建设项目的环境影响分为建设阶段、生产运营阶段、服务期满或退役三个阶段和冬、夏两季或丰、枯水期两个时段。

（3）预测的范围和内容

一般情况下，预测范围一般会等于或略小于现状调查的范围。应根据评价工作的等级、当地的环境保护要求以及工程和环境的特性来决定预测的内容。

3.区域环境质量的调查

（1）环境调查的一般原则

应根据建设项目的环境特点，并结合各单项影响评价的工作等级，来更好地对各环境要素的现状调查范围进行确定，并仔细筛选应调查的有关参数。在调查环境现状时，应该先集中收集现有的资料，当这些资料不能满足要求时，还需要进行现场调查和测试。在调查环境现状的过程中，应对环境中与评价项目密切相关部分的环境质量现状有定量的数据，并做出全面、详细的分析；在对一般的自然环境和社会环境进行调查时，应按照评价地区的实际情况做出相应的评价。

（2）环境调查的方法

①收集资料法：这一方法的优点是能够使大量的人力、物力得到节省，并且应用范围广、收效大。在对环境现状进行调查时，应先对收集的资料加以利用，并获取各种相关的资料信息，然而，这种方法只可以获取第二手资料，并且通常都不全面，也不完全与要求相符，需要采用其他方法来更好地进行相应的补充。

②现场调查法：这一方法充分考虑了使用者的需求，直接对第一手资料进行获取，从而能够更好地弥补收集资料法的不足。但是，这种方法也存在一些缺点，即工作量较大，并且需要大量的人力、物力和精力，此外，季节、仪器等条件也会在一定程度上影响现场调查法的实施。

（3）环境调查的内容

一般来讲，环境调查涉及的内容十分广泛，如地理位置、地质、地形、地貌、气候与气象、地面水环境、地下水环境、大气环境质量、土壤与水土流失、动植物与生态、噪声、社会经济、人口、工业与能源、农业与土地利用、交通运输、文物与景观、人群健康状况等。

4.环境影响评价报告书的编制

所谓环境影响评价报告书（EIS），即环境影响评价工作的书面表现形式，是环境影响评价的重要技术文件。它提供了评价工作中的结论和相关信息，清楚地明确了环境影响评价工作各个步骤的方法、过程和结论。

编写原则：①应全面、客观、公正；②应采用简洁、准确的文字，清晰的图表，以及明确的论点。

编制的基本要求：①总体编排结构应与《建设项目环境保护管理条例》的要求相符合；②基础数据可靠；③结论观点明确、客观可信；④语句通顺、条理清楚、文字简练、篇幅适中；⑤评价资格证书应该包含在环境影响评价报告书中。

按照我国《建设项目环境保护管理条例》的相关规定，一般建设项目环境影响报告书会涵盖下列具体内容：①建设项目概况；②建设项目周围环境现状；③建设项目对环境可能造成影响的分析和预测；④环境保护措施及其经济、技术论证；⑤环境影响经济损益分析；⑥对建设项目实施环境监测的建议；⑦环境影响评价结论。建设项目环境影响报告表、环境影响登记表的内容和格式，由国务院环境保护行政主管部门规定。

二、环境影响评价的方法

（一）定性分析方法

定性分析方法在环境影响评价工作中得到了十分广泛的应用，对于那些无法获取定量结果的环境状况，可以运用这种方法进行分析。由于环境问题非常复杂，所以在环境影响评价工作中，往往会遇到很多困难。对于所研究的某些环境要素或过程，有的因为不了解其发展变化规律，所以就不能导出用来对这些规律进行表示的定量关系式；有的因为工作时间紧迫，不能更好地获取大量的数据资料，所以也就不能对所研究的要素或过程建立定量的关系式。显而易见的是，在这种情况下只能用定性分析的方法来对开发活动影响之下的环境要素或过程发生的变化进行预测。

简单是定性分析方法的优点所在，可以用于无法进行定量预测和分析的情况，只要进行恰当、合理的运用，就能够得出可靠的结果。特别是在较高层次对开发活动进行鸟瞰式研究或进行战略性的预测和分析时，运用定性分析方法有其独到的优越性。然而，定性分析方法也存在不足之处，即使用者的主观因素会在很大程度上决定结果的可靠性程度，同时也无法对结果进行精确的预测和分析，这在很大程度上限制了定性分析方法的应用。

（二）数学模型方法

目前，在水利水电环境影响评价工作中，数学模型方法已被广泛应用。不同的数学模型被用来反映环境要素或过程中的各种规律。通过数学模型，能够对所研究的要素和过程中各相关因素之间的定量关系进行分析。倘若数学模型中包括实践因素，则可以对环境要素与过程中的动态规律加以研究，那么在定量的环境预测中就可以运用这种数学模型。很明显，对于那些有可能建立各影响因素之间定量关系的要素和过程，需要采用数学模型方法。

对于环境影响评价工作而言，在进行环境预测时，通过对数学模型方法加以运用可以拥有显著的优点。例如，通过运用数学模型方法可以获取定量的结果，在分析对策时运用定量的预测结果，就能够获取定量的经济效益分析结果，从而能够更好地进行对策分析。然而，数学模型方法也存在一定的局限性。一是只有针对那些可能需要建立模型的状况才可以运用数学模型方法；二是数学模型只是一种概括和近似实际情况的方法，它往往只能反映实际情况的其中一个方面。所以，仅仅凭借数学模型方法是不能更好地进行水利水电环境影响评价工作的，必须配合使用其他的方法，才能使数学模型方法的作用得到真正发挥。

三、环境影响评价制度的特征

美国政府之所以建立环境影响评估制度，是为了调整、平衡过去过度偏重"成长"与"发展"的公共政策与计划趋向，而督促政府各部门改良其决策程序，在尽早评估与整体评估的原则下，充分考虑影响环境的各种因子与其他无法量化的价值后，能形成对环境冲击最小的最适决策，以达到环境保护的目的。在不同的国家，环境影响评价制度虽然有所不同，但是其具有的共同特征也是显而易见的。

首先，预测性是理解环境影响评价制度的基础。人们制定环境影响评价制度就是为了实现将那些可能由人类的行为所导致的环境破坏防患于未然，实现在环境保护方面从善后向预防的转变。环境影响评价制度强调预防性，这是考虑了环境资源的不可再生性的特点。在项目建设开始之前，通过对项目进行分析、预测、评价，估算其可能对环境造成的不良影响，并且据此提供可供选择的方案，尽可能地消除、降低其可能对生态环境造成的影响。

其次，环境影响评价需要较强的专业技术以及严谨的程序。以技术性及程序性要求对影响环境的项目进行考察，根据事实证据，进行科学技术对比分析，形成客观有效的环境影响结论。一般来讲，在我国，只有从事环境影响评价服务的专门机构才有资格承担环境影响评价工作，此类机构的设立一般需经国务院环保部门考核审查合格后认定，并颁发资质证书。按照《中华人民共和国环境影响评价法》的相关规定，必须由具有相应资质的环境影响评价单位编制建设项目环境影响评价报告书或环境影响评价报告表。可以看出，我国法律对环境影响评价的专业性和技术性要求很高。第一，要以客观专业的建设项目的技术标准为依据；第二，要以国家制定的相应的环境标准和环境影响评价技术导则与技术规范为准则；第三，还需要加强人文社会科学和自然科学交叉学科领域专业知识的融合。

因此，环境影响评价结论的可靠性就显得非常重要，确定了环境影响评价制度的国家都对环境影响评价的程序做出了极为严格的规定，保证公众可以参与环境影响评价的全过程。我国也规定了环境影响评价中的公众参与，既包括规划环评和建设项目环评，也包括对环境影响评价报告的审批阶段的参与，与规划环境影响评价工作的程序相比，建设项目环境影响评价的程序多了通过分类管理方式筛选评价对象和决定评价范围环节，这只是环境影响评价程序的大的程序框架，具体的环境影响评价程序还有很多，例如规划环评中的规划分析、现状调查、修改规划目标或方案等。

再次，动态性和综合性也是环境影响评价重要的特征。环境影响评价需要运用多学科的知识与专门的技能，以专业人员为基本成员组成专业队伍与机构，没有进行过专门训练的人员根本无法胜任环境影响评价工作，它不是简单的调查与分析。环境影响评价虽然仅仅是预估人类行为后果的科学方法，但是为了保证结论的可靠性，这门学科需要借助许多学科的知识，环境影响评价的实施涉及多个学科领域，环评是多学科交叉研究与结合的阶段。

目前，环境影响评价主要有建设项目环境影响评价、规划环境影响评价和战略环境影响评价，这三种环境影响评价难度从低到高，它们所涉及的学科也由少到多。另外，环境影响评价是一个持续的过程，只要有开发行为，环境影响评价就会存在。环境影响评价将会在决策前、决策中、决策实施过程中发挥作用。在一个时间段也许人类的某项行为并不会对环境产生影响，但是在另一个时间段相似的人类行为也许就会对环境和生态造成伤害，结论是环境影响评价是动态的。因此，要在不同的时间段对人类的行为进行环境影响评价，以达到保护环境和实现持续发展的目的。

最后，环境影响评价具有非常广泛的公众参与性和强制性。环境影响评价涉及每一个人的切身利益，所以其公共性强，也因此，环境影响评价程序中必须要有对于公众参与的详细规定，这也是环境影响评价民主原则的切实要求。这就意味着在环境影响评价过程中要向公众开放信息平台，进行信息的相应反馈，并且要在此基础上听取各方意见，能够获取那些相对可靠的结论。这是因为环评的结论关系到社会大众的利益与权利，特别是建设项目周边地区的民众，民众必须全程参与环评，这样才可以保证环境影响评价结果的可信度，从而能够更好地实施环境影响评价。在环境影响评价过程中的主要参与主体是利害关系人、专家、学者、环保团体、其他行政机关或团体组织，在环境影响评价过程中要反映社会各方的利益诉求，从而谋求社会的全面和谐。也正因此，环境影响评价才有法律规定的强制力，无论项目的规划、项目的建设、项目的运营都要以环境影响评价结论作为基础，如若违反，则必须承担相应的法律责任。同时，"环境影响评价必须根据相应国际条约的要求，通过国家立法或行政政策来内化国际条约，以强制执行力获得其实施的保障"。

四、水环境影响预测与评价的内容

（一）预测条件的确定

1. 预测范围

地面水环境影响预测的范围等于或略小于地面水环境现状调查的范围。

2. 预测点

为了能够全面反映拟建项目可能会对周围水环境产生的不利影响，通常会将预测点选在这些地点：已确定的敏感点；在河流混合过程段选择几个具有代表性的断面。混合过程段和超标范围的预测点可以互用。

3. 预测阶段

通常来讲，可以将预测阶段分为三个阶段，即建设过程、生产运行、服务期满后。所有的拟建项目均应预测生产运行阶段对地面水体的影响，并在进行预测时要考虑正常排污和非正常排污两种情况。对于一年以上的大型建设项目，倘若产生较多的流失物且受纳水体要求水质级别较高时，应进行建设阶段的环境影响预测。

（二）预测方法的选择

1. 专业判断法

一般来讲，所谓专业判断法，顾名思义，即按照专家的经验来对建设项目可能会对水环境产生的不利影响进行推断。专业判断法可以使专家的专长和经验得到充分发挥。

2. 类比调查法

所谓类比调查法，即参照现有相似工程对水体的影响，来预测拟建项目对水环境的影响。类比调查法要求拟建项目和现有工程的污染物来源、性质和受纳水体情况相似，然而，事实上，工程条件和水环境条件通常会与拟建项目有很大的不同，所以，类比调查法只提供了拟建项目影响大小的估值范围。

第七章　水电站施工建设实例

在水利水电工程实施过程中，水电站的建设在人们的生产、生活中发挥着越来越重要的作用。在更好地发展能源的基础上，青海省水电资源的开发迎来了前所未有的机遇，一批大中型水电站相继开工建设。本章主要分为黄河公伯峡水电站施工建设、青海湖－龙羊峡抽水蓄能电站施工建设两个部分。主要包括黄河公伯峡水电站施工工程概况、工程管理及工程建设中新技术开发与应用和青海湖－龙羊峡抽水蓄能电站建设的问题分析、可行性条件及青海湖－龙羊峡抽水蓄能电站的运行功能、作用与影响等内容。

第一节　黄河公伯峡水电站施工建设

一、水电站施工工程概况

公伯峡水电站镶嵌在青藏高原峡谷中，是国家西电东送项目在北部的重要通道，水电装机容量达到 1 亿 kW，成为中国水电站建设的里程碑。水电站从 2001 年正式开工建设，主要由大坝、引水发电和泄水三个部分组成，水电站的主要功能是发电，也具有防洪和对周边库区农作物的灌溉、供水等功能。截至 2006 年，建设的五台机组全部投产并运行，缓解了青海省和海东市的用电需求，不仅满足了当地的电力供应需求，还推动了当地经济的发展。

公伯峡水电站工程的施工现场管理水平达到了新的高度，在每一项工程结束时，施工现场都达到了物料收拾干净、场地清理彻底的要求。电缆、电线等各类材料摆放整齐，即使在地下隧道内也未出现积水和污泥。

二、工程管理

公伯峡水电站工程所处的地质环境复杂，在建设之初就确定了"建精品工程、创鲁班奖"的建设总目标，这也体现了工程的质量要求。在施工队伍建设方面采用了严格的招标制度，最终组成了以水电四局等五家有着雄厚施工能力的施工单位为主的施工队伍。

公伯峡水电站工程建设中严格实行项目法人责任制、合同管理制、招投标制、工程建设监理制、资本金制，组织成立了以黄河水电公司分管领导为组长，各参建单位项目负责人为成员的"公伯峡水电站创建精品工程领导小组"。工程建设、设计、施工、监理等各参建单位均按照创优活动要求成立了项目质量管理小组，设立了独立的质量监督管理机构，逐级落实了工程质量管理责任，研究制定了公伯峡水电站工程质量创优的各项保证措施，建立健全了各项规章制度，开展了全员全过程的创优活动。

公伯峡水电站的建设理念是建设精品水电站，实施精细化管理和全过程控制，从组织管理、制度建设方面进行严格的控制，积极推动开展水电站建设者全员参与的质量创优活动。在水电站建设、投产运营的过程中，公伯峡水电站建设取得了多项建设成就：钢筋混凝土面板堆石坝工程达到了国内先进水平；水电站建筑物的沉降量、渗流量都长期处于稳定状态；机电安装工艺精密，机组运行安全、稳定和可靠；过电压保护和绝缘配合符合规程和电力系统的要求，运作可靠。

三、工程建设中新技术的开发与应用

公伯峡水电站工程的技术标准都是高于国家和行业规范标准的，"创优活动"始终贯穿于整个工程的施工建设中，高起点、高标准、严要求的管理方针贯穿于工程施工的各个环节。在此基础上不断追求新技术的创新和优化，在工程中应用新技术、新工艺、新材料、新设备，在保证工程质量的基础上也降低了工程成本，施工技术更是达到了行业先进水平。

①针对公伯峡水电站复杂的地质条件，采用了深层帷幕、结构缝多层防渗透处理等特殊工艺技术；

②在进行地下洞室施工时，采用了地质雷达等先进的数字化仿真模拟技术，实现了数字化控制施工的典范；

③在理论计算的基础上，实现了工程长面板混凝土一次连续浇筑，创造了在高寒、干燥环境中施工的奇迹；

④水电站工程中完成的最大的水平旋流消能结构建筑，开创了世界泄洪建筑物建设的先河，被鉴定为国际领先水平；

⑤在工程建设中全面推行新技术，在应用国家公布的十大新技术基础上，

又结合公伯峡水电站自身的工程特点，研究适用于工程的特色技术，新技术的应用可以提高工程的质量，加快工程建设周期，节约工程的投资成本，还可以降低能源消耗，实现绿色节能；

⑥公伯峡水电站工程施工中采用的混凝土边墙挤压技术加快了工程施工的进度，边墙挤压机获得了国家专利；

⑦公伯峡水电站工程开展的文明施工，开创了水电现场文明施工的新局面，创造了我国发电机新机组连续运行的新纪录；

⑧工程建设中采用对开挖料单车鉴定、分类存放的科学方法，大大降低了大坝填筑成本；

⑨获得了新技术、新工艺，如 K30 质量检测、清水免装修混凝土工艺等；

⑩开辟了寒冷地区水电站厂房采暖的新途径——机组余热，在水电站周围种植植被，恢复周围居民的耕地，不仅节能环保，还维持了贵南地区良好的生态环境，实现了绿色可持续发展的目标。

总之公伯峡水电站的建设是我国现代水电站建设成就的标志，标志着我国成为世界上最大的水力发电国家，水电站建设技术也已达到国际先进水平。这是社会主义现代化建设巨大成就的重要标志，也是我国综合国力不断增强的集中体现，在中国电力建设史上具有里程碑的意义，为我国的水电开发事业写下了光辉的一页。

第二节　青海湖‐龙羊峡抽水蓄能电站施工建设

一、问题分析

（一）青海湖萎缩严重并亟待弥补水量亏缺

青海湖是我国面积最大的内陆咸水湖，是维系青藏高原北部生态安全的重要水体，具有抗拒西部荒漠化向东侵袭的重要作用，它也是被列入国际湿地名录的重要湿地之一。然而从 20 世纪 60 年代开始，青海湖水位总体在下降，2005 年后略有回升，1956 年年平均水位为 3196.79m，2010 年年平均水位为 3193.77m，1956—2010 年青海湖水位共下降 3.02m，平均每年下降约 0.06m，湖面积缩小了 274km^2，年均缩小约 5.07km^2，储水量减少约 133 亿 m^3。

青海湖湖面的萎缩，在一定程度上影响了水生饵料生物和青海湖裸鲤的生长发育。试验研究成果表明，矿化度较高的独立子湖中的青海湖裸鲤个体要小于矿化度较低的大湖。随着湖泊面积萎缩，鱼鸟共生生态系统循环遭到破坏，这将影响周边生态环境并进而影响青藏高原北部生态安全。

因此，有必要采取适当措施维持青海湖良性生态健康，在青海湖流域水资源总量不足的情况下，流域外水量调入也是破解生态环境进一步恶化的选择之一。

（二）黄河治理开发的需求

黄河上游是黄河的主要水区，同时黄河上游龙羊峡、刘家峡水库在黄河水量调度中发挥着重要作用。黄河水资源存在时空分布不均、年际差异大、连续枯水段长等特点。近年来，黄河上游大型水库承担着黄河水量调度的重任，若能增加黄河上游的调蓄库容，将进一步发挥蓄丰补枯和多年调节的功能，不仅能够保障黄河流域连续枯水段和特殊枯水年的水量调度，同时能够为宁蒙河段减淤、应急水量调度提供水源保证。

（三）青海省冬季缺电问题严重

黄河上游防凌和发电矛盾突出。黄河上游龙羊峡、刘家峡水库的联合防凌调度利用防凌期河道控泄流量成为人为可控的、可用于缓解河段凌情的主要非工程措施，但这对西北电网的安全运行产生了不利影响。

青海省是水能资源理论蕴藏量非常丰富的水电大省。在夏季这种灌溉季节，青海水电大发，电力电量出现富余。而在冬季，水电出现大幅降低，这导致青海出现缺电现象。同时随着近年来青海经济发展对电力需求量的逐年增加，缺电现象更加突出。

二、建设设想

变青海湖为淡水湖泊主要通过将青海湖水量泄放到龙羊峡水库，减少青海湖水面蒸发，直到青海湖蒸发补给平衡并维持较小湖面，使之淡化为淡水湖泊，同时可为黄河稳定补水约 4 亿 m³/ 年。在杨希刚提出的"泄水平衡"的基础上换一种角度思考，设想建设青海湖 - 龙羊峡抽水蓄能电站，丰水期、丰水年抽水到青海湖，枯水期、枯水年泄水到龙羊峡，不仅可解决青海湖持续萎缩问题，又可连通青海湖—黄河水系，既能为黄河提供巨大的调蓄库容，又能为西北提供强大的电力供应。

根据青海湖流域与黄河流域综合规划和部分资料及经验，设想建设青海湖 - 龙羊峡抽水蓄能电站，水头差约 400m，抽水线路长度约 41km，隧洞长度约 20km，线路上最高海拔 3500m。通过龙（龙羊峡）刘（刘家峡）青（青海湖）

联合运行，提高龙羊峡、刘家峡水库调节能力，缓解黄河水资源供需矛盾，增强黄河上游防洪能力，减轻凌汛威胁，进一步提高黄河抗旱能力，远期可加大西线调水量，还能以黄河水接济海河、淮河，改变黄河水资源格局。

三、青海湖－龙羊峡抽水蓄能电站建设可行性条件

（一）选址条件

①地理位置：一般在负荷中心或电源中心附近。

②距高比：引水建筑物的相对长度。要选择距高比合适的比例，这样才能有利于水电站的各种投资指标。

③水头：300 ～ 600m 是比较有利于水电站建设的高度范围。

因此，青海湖－龙羊峡抽水蓄能电站，从地形上看，青海湖水位为3193.3m，龙羊峡最高水位为2600m，落差达593.3m，挖洞条件也较为可靠，青海湖、龙羊峡水库可分别作为现有的上水库及下水库，青海湖作为上水库不需要全库盆防渗，下水库龙羊峡泥沙少，库容大。从地质上看，该区域附近没有地震带分布。

（二）已建水库条件

1. 上水库青海湖

青海湖湖水面积为 4392.8km²，湖水容积为 742.9 亿 m³，平均水深为16m，湖面海拔为 3193.3m。青海湖矿化度由 1985 年的 12.6g/L 上升到 2008 年的 15.6g/L。湖中有重要的生态物种裸鲤。

2. 下水库龙羊峡

龙羊峡水库位于贵南县交界处的黄河龙羊峡进口处，是黄河上游已规划河段的第一个梯级电站，水库的开发任务以发电为主，兼有防洪、灌溉、防凌、养殖、旅游等综合效益。

3. 联合调度刘家峡水库

刘家峡水利枢纽是以发电为主，兼顾防洪、灌溉、旅游等综合效益的大型水利水电枢纽工程。龙刘水库联合调度，能够对黄河上游防洪防凌、全河水量调度起到重要作用，同时以龙刘为龙头的上游梯级电站群对西北电网、西电东输作用重大，建设青海湖－龙羊峡抽水蓄能电站，将是对龙刘梯级水库的重要补充。

综上所述，已建水库为建设青海湖－龙羊峡抽水蓄能电站提供了有利条件，符合抽水蓄能电站建设条件。

（三）抽水蓄能电站建设需求可行性

随着世界范围内新兴能源的开发利用，风电、风能等国家鼓励发展的清洁型可再生资源，能够优化我国能源结构，促进能源可持续发展。国家也正在推行"一特四大"的电网发展战略，电力"高速公路"的发展促进国家大煤电、大水电、大核电等大型可再生能源的集约化发展，实现资源的优化配置，从而可以提高人民的生活水平，保障电力需求。

青海电网水电资源丰富，青海电网 2030 年远景展望规划中要求，2012 ～ 2030 年，青海电网水、火电比例基本稳定在 3.9 ∶ 1 ～ 5.3 ∶ 1。青海省风能资源丰富，但风能资源的随机性和不均匀性决定了其较难利用，再生能源被白白浪费掉。为解决这些问题，可考虑采用抽水蓄能与风电补偿调节来减轻工程对环境造成的不利影响，同时也可以满足当地旅游景观需求的发展，在工程建设和环境建设同步优化的基础上，作为当地的旅游景点，以增加经济效益。

（四）抽水蓄能电站建设技术可行性

抽水蓄能电站是世界范围内比较常见的水电站形式，该类型水电站的建设可以借鉴国外先进的技术和管理经验，我国也有已经建设的、在建的、规划建设的各类抽水蓄能电站，广州的抽水蓄能电站是世界上最大的抽水蓄能电站，而十三陵抽水蓄能电站工程中的一些关键技术也是处于世界领先水平的。这些都为龙羊峡水电站的建设奠定了基础。

四、青海湖 - 龙羊峡抽水蓄能电站的运行功能

抽水蓄能电站是世界范围内被众多专家公认的电力系统最可靠、最经济的储能装置，这种储能装置也具有最长的寿命周期和最大的容量，还具有调峰填谷、紧急事故备用、调频等作用，抽水蓄能电站一旦建成并投入运营后，对当地的经济效益和生态环境能起到重要的作用。

2019 年年初，国家能源局印发了专门的文件，同意青海省抽水蓄能电站的选址规划和建设，青海省在未来将会建成 7 个抽水蓄能电站，其中也包括了青海湖 - 龙羊峡抽水蓄能电站的规划和建设。青海湖 - 龙羊峡电站是组织特高压外送通道清洁、稳定、优质电力的重要保障，也是青海省打造"清洁能源示范省"的试点工程。

抽水蓄能电站的工作运行原理是能量转换，利用夜间用电低谷和日间用电高峰时的错峰蓄水，不断循环上、下水库之间的蓄水来满足电力系统的用电需

求。由此可见抽水蓄能电站的主要运行方式就是用电低峰抽水和用电高峰发电两种功能，将电网负荷低时的多余电能，转变为电网高峰时的高价值电能。

①发电功能：将系统中其他机组的多余电量，通过抽水储存在上水库中，以备电力供应紧张时放水发电。

②调峰功能：抽水时填平负荷曲线低谷时段，降低系统煤耗，节能减排。

③调频功能：实现负荷备用、跟踪和快速启动。

④调相功能：可以稳定电站系统内的电网电压，实现无功就地平衡。

⑤事故备用功能：在一定条件下实现水能设计的优点，用较少的电功率在电站运行中空转，在事故发生时能用较短的反应时间实现瞬间发电的功能。

⑥黑启动功能：在电站系统出现事故后，可以在没有电源的情况下实现迅速启动。

五、青海湖－龙羊峡抽水蓄能电站的作用与影响

（一）青海湖－龙羊峡抽水蓄能电站的作用效果

1. 淡化青海湖，促进生态环境的良性维持

青海湖咸化造就了独特的淡咸水生境和生态系统，但近 50 年的持续水位下降和咸化对生态系统的破坏明显，有必要通过可行的输水方式、可控的水量过程淡化青海湖，使青海湖成为一湖活水，减轻盐化危害，促进裸鲤的生长和恢复，改善青海湖流域的生态环境。

2. 进一步提高黄河上游的防洪能力

黄河上游洪水 15d 洪量分别是百年一遇约 55 亿 m^3、五百年一遇约 60 亿 m^3、千年一遇约 71 亿 m^3、万年一遇约 87 亿 m^3。建设青海湖－龙羊峡抽水蓄能电站，在汛前或汛期龙羊峡水库水位较高时抽水到青海湖，腾出更多库容，可进一步提高上游防洪能力。

3. 减缓宁蒙河段防凌威胁

黄河上游防凌问题集中于防凌期发电与萎缩的冰下过流能力，如果青海湖抽水蓄能能够补偿足够的防凌期出力，刘家峡水库承担的出力将减少到很小，可腾空的防凌库容更大，那么通过严格控制刘家峡水库凌期下泄减少槽蓄水量增量，可有效减缓凌汛威胁。

4. 蓄丰补枯来缓解黄河水资源供需矛盾

通过龙刘青联合调度，可增加调节库容，蓄丰补枯。根据抽水规模，在特

殊枯水情景下，可泄放青海湖水量补充黄河水量不足，尤其是当青海湖淡化后调节库容将更大。理论上，按照当前水位，库容 700 多亿 m^3，若最高可恢复到 1956 年的水位（3196.77m），可再增加约 160 亿 m^3 库容，总库容可以达到 860 多亿 m^3。若遇黄河特殊枯水情况，青海湖允许水位在当前水位降 2m，则补水量可达到 80 亿～240 亿 m^3（按照湖区面积 4000km²，每米水量 40 亿 m^3 计算，最高增加 4m，最低比当前降低 2m），可以认为青海湖补水量可在 100 亿 m^3 以上。若按照连续枯水 5 年，青海湖可每年增加黄河水量至少 20 亿 m^3，相对于龙羊峡水库 194 亿 m^3 的调节库容，青海湖 5 年补水量相当于半个龙羊峡水库。黄河上游的调蓄能力将从一个龙羊峡水库变成一个半龙羊峡水库，这将进一步提高电站水库的蓄丰补枯能力，大大提高其对黄河水资源的调节能力，缓解黄河水资源的供需矛盾。

5. 减轻宁蒙河段减淤压力

宁蒙河段减淤的压力来源于防洪防凌形势的严峻化，青海湖抽水蓄能改变上游防洪、防凌的水量条件，再通过优化龙刘青的运行方式，可以有效减轻防洪防凌对宁蒙河段的压力。适当时机下，可泄放大流量冲刷宁蒙河道，青海湖还可以补充水量，使冲刷时间更长。

6. 支撑南水北调西线工程抽水运行

建设青海湖－龙羊峡抽水蓄能电站，可以盘活上游水电调度，使弃水更少，同时也可以给西北电网的风电、太阳能提供调峰电源，将垃圾电转换成优质电。一方面西电东送量更大、效益更好，另一方面可以用这些垃圾电能抽水运行。西北电网的电能将非常丰富，可以支撑南水北调西线抽水运行。困扰西线线路长、自流输水量小的问题可以采用抽水方式解决。抽水具有线路短、限制条件少等特点，且可以在调水河流丰水期抽水。若建设青海湖－龙羊峡抽水蓄能电站，则可以为抽水提供较为充足的电量，满足西线调水抽水运行的需求。

（二）青海湖－龙羊峡抽水蓄能电站的影响分析

1. 对青海湖矿化度影响分析

根据有关资料统计，1985 年青海湖矿化度约为 12.6g/L，到 2008 年矿化度上升到 15.6g/L，已部分影响了青海湖裸鲤的生长。结合青海湖、龙羊峡水库的可抽水量，测算在不同抽水能力下的青海湖矿化度。根据地表水水质不超过微咸水 2g/L 的要求，年抽水量不宜过大（不超过 25 亿 m^3），过大则影响龙羊峡水库的水质，使之偏咸，按照每年抽水放水 25 亿 m^3 考虑，每年降低青海湖矿化度约 0.5g/L，3 年后可降到 1985 年水平。

2. 对青海湖地区生态环境的影响

青海湖是国家级自然保护区,是青藏高原多种候鸟集中栖息繁殖、越冬的重要场所。目前,湖内各种陆生、水生生物,以及保护区内的候鸟、鱼类等资源已适应了当地的生态环境。青海湖－龙羊峡抽水蓄能电站运行后,势必将影响青海湖水质,淡化湖水,这在一定程度上会影响当地的生态环境,对青海湖地区的生态环境造成一定影响。

总体而言,建设青海湖－龙羊峡抽水蓄能电站的设想,可以连通青海湖与黄河,部分解决青海湖咸化、黄河枯水年缺水、青海冬季缺电等问题,但也存在改变青海湖为淡水湖泊、影响青海湖自然保护区及其生态环境的制约性问题。

参考文献

［1］钟汉华，冷涛. 水利水电工程施工技术［M］. 2 版. 北京：中国水利水电出版社，2010.

［2］俞运煌. 水利水电工程质量管理创新［M］. 武汉：中国地质大学出版社，2011.

［3］黄祚继，黄忠赤，黄守琳，等. 水利水电工程建设管理工作实务［M］. 郑州：黄河水利出版社，2012.

［4］时铁城，包冀邢，刘春冬. 有限元分析在水利水电工程中的应用［M］. 北京：中国商业出版社，2013.

［5］孙明权. 水利水电工程建筑物［M］. 北京：中央广播电视大学出版社，2014.

［6］李建钊. 水利水电工程监理工程师一本通［M］. 北京：中国建材工业出版社，2014.

［7］徐猛勇. 水利水电工程监理实施细则编制实例［M］. 郑州：黄河水利出版社，2014.

［8］赵喜云，李小牛. 水利水电工程招标与投标［M］. 郑州：黄河水利出版社，2014.

［9］李森. 做最好的水利水电工程施工员［M］. 北京：中国建材工业出版社，2014.

［10］梁建林，闫国新，吴伟，等. 水利水电工程施工项目管理实务［M］. 郑州：黄河水利出版社，2015.

［11］杜伟华，徐军，季生. 水利水电工程项目管理与评价［M］. 北京：光明日报出版社，2015.

［12］刘世梁，赵清贺，董世魁. 水利水电工程建设的生态效应评价研究［M］. 北京：中国环境出版社，2016.

93

［13］苗兴皓. 水利水电工程造价与实务［M］. 北京：中国环境出版社，2017.

［14］魏温芝，任菲，袁波. 水利水电工程与施工［M］. 北京：北京工业大学出版社，2018.

［15］梁春雨，安超，王李平，等. 数值分析在水利水电工程中的应用［M］. 郑州：黄河水利出版社，2017.

［16］段文生，李鸿君，赵永涛，等. 水利水电工程招投标机制研究［M］. 郑州：黄河水利出版社，2017.

［17］张志坚. 中小水利水电工程设计及实践［M］. 天津：天津科学技术出版社，2018.

［18］邱祥彬. 水利水电工程建设征地移民安置社会稳定风险评估［M］. 天津：天津科学技术出版社，2018.

［19］王东升，常宗瑜. 水利水电工程机械安全生产技术［M］. 徐州：中国矿业大学出版社，2018.

［20］赵明献，鲁杨明，梁羽飞. 水利水电工程施工项目管理［M］. 南昌：江西科学技术出版社，2018.

［21］管秀娟，毕文强. 浅谈水利工程生态建设存在的问题及策略［J］. 农家参谋，2019（17）：125.

［22］刘兆莲. 水利工程设计中存在的问题及优化［J］. 中国新技术新产品，2019（18）：143-144.

［23］张庭秀，柴禾蕾. 水利工程设计中绿色设计理念的应用［J］. 水利规划与设计，2019（10）：9-10.

［24］赵红松. 水利工程施工中环境保护设计探讨［J］. 河南水利与南水北调，2019，48（11）：12-13.

［25］刘艺轩，史绍荭. 水利水电工程设计中的水土保持理念［J］. 科技风，2020（2）：177.

［26］陈建明. 水利工程节水灌溉规划设计中的问题及解决措施［J］. 石河子科技，2020（2）：3-4.